澜沧江以西

新八大茶山

杨普龙 著

中国林业出版社
China Forestry Publishing House

图书在版编目（ＣＩＰ）数据

新八大茶山 / 杨普龙著 . -- 北京 ：中国林业出版
社，2022.11
ISBN 978-7-5219-1944-8

Ⅰ . ①新… Ⅱ . ①杨… Ⅲ . ①普洱茶－茶文化－云南
Ⅳ . ① TS971.21

中国版本图书馆 CIP 数据核字（2022）第 205972 号

澜沧江以西——新八大茶山

著　　者：杨普龙
策划编辑：李　顺
责任编辑：李　顺　王思源
摄　　影：杨普龙　杨尊瑞　苏　维　陆家帅
版式设计：荣长福

出版发行：中国林业出版社
（100009，北京市西城区刘海胡同 7 号，电话 83223120）
电子邮箱：cfphzbs@163.com
网址：www.forestry.gov.cn/lycb.html
版次：2023 年 2 月第 1 版
印次：2023 年 2 月第 1 次印刷
开本：710mm×1000mm 1/16
印张：15
字数：245 千字
定价：88.00

雷平阳：序《新八大茶山》

我曾将自己最有好奇心的一段时光交付给了云南众茶山。不是问茶，也不是为了把当时寂寂无名的普洱茶以文化的名义推荐给世人，尽管从 1999 年至 2020 年这 21 年间，我曾写作、出版了有关普洱茶以及茶山文明的三部著作。这三部著作产生了多大的实际意义，有什么"弦外之音"，我没有评估过，也没有借此成为一个论道卖茶的茶商，因为我很清醒——之所以花那么大的心力和那么多的时间奔波于茶山之上，是因为我在寻求支撑我文学理想的精神策源地和诗歌美学空间，以及众山之中普遍存在的神迹和寓言。茶山上的傣族、布朗族、拉祜族、哈尼族、香堂人以及"山头汉人"，他们所承袭的文明和看待世界的视觉与态度，对我而言，无疑具有"探险"与"发明"的诸多品质，令我着迷，一座座山门打开，我的眼前，全是金灿灿的宝藏和未知的奇异之物。书写它们是我自主的使命，茶书只是我写作谱系中的一种，轻或重，苦或香，不是因为文字，而是来自茶叶本身。

以"身份"而言，杨普龙是个文人，饱读诗书，写锦绣文章，研习书道，醉心茶和茶陶，换在古代，这样的人，定然是白衣飘飘，骑鲸捉月，天作高山，快活得像仙神一样。可是这些年，或曰为稻粱谋，或曰为普洱茶寻找真正的品饮者，或曰让普洱茶的每一片叶子都能找到出生的那一根枝条，他像青年时代的我那样，不停地奔走在一座座茶山之上，而且远比我深入、具体、客观。我把茶山上的杰出茶人指认为茶神，他则把茶神恢复为茶人——有血有肉有缺失。我把孔明山指认为基诺族人的人间天堂"司杰卓密"，他则只把那地方当成有可能出产好茶的一座单纯的山峰。南糯、布朗、巴达诸山，我均有奇遇，书写过有关它们的神话，他却更迷恋这些山峦中更靠近人世的那些现实元素。道理很简单——他已经有效地把自己的身份转换成了一个认死理、爱较劲和无比尊重实相的茶人。记得有一次，他郑重地送了我几饼茶，说让我一定要留着自己喝，千万别送人，否则可惜了云云。有时候我是个经验主义的信徒，见他送我的茶产自巴达山，便有些不以为然，甚至觉得他对茶山见识不多，把牛犊子当成了运送贝叶经的白象。可是，当我真的把那茶放入沸汤，饮入口中，突然有了汪曾祺初食云南干巴菌时的感受："初看像牛粪……入口，一句话也说不出来（大意）"。我不禁自问：巴达山也有如此好茶？我的朋友们都知道，那时候我迷恋的茶叶都来自"银生城诸山"，易武、倚邦、蛮砖、莽枝、革登、基诺，古六山也，真的没有把心思寄托在巴达山上。后来，接触稍多，渐次看清了一个人——杨普龙做茶，从来不盲从于经验与传统的说法，他想做的茶他也不知道生长在哪一座山上，所以他奔走。茶叶是未知之物，只有在他抵达了，确认了，知道了未知之茶的好处之后，他才会动手，犹如在天空中捉鸟，从来不管鸟从何处飞来，也不管这好茶隶属于哪一座山峰、哪一片云雾、哪一个族群。

我曾有过一本茶山之书，名曰《八山记》，浅陋的文字曾念给古六山、南糯山和布朗山听过，八山沉默，不置可否，带着茶香的清风一吹，那些文字都入土做了茶树的肥料。但还是有一些老年读者或心理老年化的读者质问："不是六山吗，为什么是八山？一派胡言！"我一笑了之，不辩，不语。杨普龙写《新八大茶山》，把江内的古六山全放到了文字外面，专心于大勐龙、南糯、格朗和、勐宋、贺开、布朗、巴达、景迈八山，我视其为他的茶国，他的小世界和安身立命处。大理生于幽微，触目皆是实据，勘访与体认并不是一味地交由文字去处理，而是交由他的足迹、证见和心智去呈现，弥足珍贵，令我双目如净水洗过。命名的问题，如若此书流布，想必又会有人腹谤和口非，我视其若茶山上的蝉叫，众音也，非关正道，也愿杨普龙无耳听从。在我看来，也许此书最大的功劳，就在于杨普龙把我们长期无视的一些茶山，充满敬畏地摆到了世界的茶桌上。是为序。

雷平阳

2022 年 7 月 3 日，昆明

雷平阳：著名诗人、散文家、书法家，一级作家，享受国务院津贴专家，云南省作协副主席。出版诗歌、散文集四十余部，鲁迅文学奖、十月文学奖、人民文学奖、华语文学传媒大奖、诗刊年度大奖等众多国家级重要奖项获得者。

而是交由他的足迹、证见和心智，弥足珍贵，令我 ~~～～~~ 双目如净水洗过。命名的问题，如若此书流布，想必 又 会有人腹谤和口非，我视其若 茶山上的蝉叫，众音也，非关正道，也愿杨普龙无耳听从。在我看来，也许此书的 最大 功劳，就在于杨普龙把我们长期无视的一些茶山，元 满敬畏地摆到了世界的茶桌上。是为序。

　　　　　　　雷平阳

2022年7月3日，昆明

自序：为什么是新八大茶山

古六大茶山并不以勐腊为限，攸乐山就在景洪，它们同处澜沧江以东，或称江内六大茶山。

喜欢对称，是国人一大特性。比如，对偶、对联、排比等，多是好的，美的，给人以美感、力量感。但为了对称强行拉拢拼凑，不仅不美，还给人以牵强附会、生拉硬扯之感。

为了跟古六大茶山对应，当然就有新六大茶山。新六大茶山的版本很多，狭隘的版本，仅限于勐海。南糯山、布朗山、勐宋、巴达、贺开，是基本没有争论的五座。另外一座，有多个版本。

南峤——这是最没有说服力的山头，早年有这个版本，现在很少有人提了。为什么？南峤，也即现今的勐遮镇，历来以富产粮食而著称，是西双版纳的大粮仓，茶叶占比很少，古树茶几乎可以忽略不计。试问做茶的朋友，有几个做勐遮茶的？

曼糯——作为一个独立的小山头、小寨子，是没有问题的。曼糯茶也独具特色，拥趸众多。但作为一座独立的大茶山，曼糯不足以支撑。据官方数据，也就两千多亩。

帕沙——这是大多数茶人公认的版本，帕沙茶特点鲜明，茶园广阔。但仅限于帕沙，略微有点单薄且偏狭，加上帕真，作为一座独立的茶山才够。那该怎么叫？帕沙帕真？我的意见是应该叫格朗和。因为这两座山都在格朗和乡政府背后，山水相连，草木相依。虽然南糯山也属于格朗和乡，但是，作为独具特色的茶山，帕真和帕沙应该独立出来，作为一座独立的茶山，而不是南糯山的附属。

我们如果把眼光放长远一些，除了勐海，还有一座茶山完全有资格入选。哪里？相信很多茶友想到了——小勐宋。小勐宋也是很多铁杆茶友追捧的一个地方，毗邻缅甸，生态环境一流，以苦茶闻名，但又不限于苦茶。以我多年行走茶山的亲身经历而言，小勐宋小了，还可以扩大，扩大到其所属的大勐龙。是的，我要说的是，大勐龙可以作为一个独立的大茶区，不仅止于小勐宋。

以上这些茶山都是以澜沧江为界。古六大茶山都在澜沧江以东，为江内六大茶山。那么，江外呢，澜沧江以西呢？如果纯粹以勐海为限，勐海是有新六大茶山，排除南峤、曼糯，那就是南糯山、布朗山、勐宋、巴达、贺开、格朗和（包含帕沙帕真）。

一如开头所述，古六大茶山尚且有攸乐山在景洪，同在澜沧江以西、同属景洪市管辖的大勐龙，我们为什么要把这么大一座茶山排除在外？那么，现在，澜沧江以西，就是七座了。

我还要加上一座——景迈山。景迈山的名气，已经毋庸置疑。但是，为什么？一者，景迈山同在澜沧江以西，与勐海山水相连。二者，很多人可能不知道，景迈山，历史上属于车里宣慰司管辖，只不过后来，作为"嫁妆"，"陪嫁"了出去。行政区划是一回事，茶文化不应该挟裹其中。景迈山是澜沧江下游，澜沧江以西无可辩驳的一大重要茶山，我们不应该让其孤悬一隅。

所以，我以为，我们需要把视野放开，澜沧江以西，应该是新"八大"茶山：南糯山、布朗山、勐宋、巴达、贺开、格朗和、大勐龙、景迈山。而不仅仅是"六大""七大"。更具体的理由，更翔实的数据以及依据，在书中会有进一步的论述和铺叙。

最后，需要特别说明一点，新八大茶山其实并不新，与古六大茶山一样，他们已经在滇南这方厚沃的土地上屹立千百年，其古茶树历史之悠久以及壮美程度，甚至超过古六大茶山。只是相对于古六大茶山来说，因为没有作为贡茶采办地，成名略晚，名不得彰。 取这个名，只是为了与古六大茶山相对应，与狭义的新六大茶山相区别。

杨普龙

2022 年 7 月于昆明

目录

巴达：高山之上，佛国茶香

景迈山：万亩古茶千年香

澜沧江以西其他茶山拾遗

附录：西双版纳民族文化

古六大茶山、新八大茶山示意图

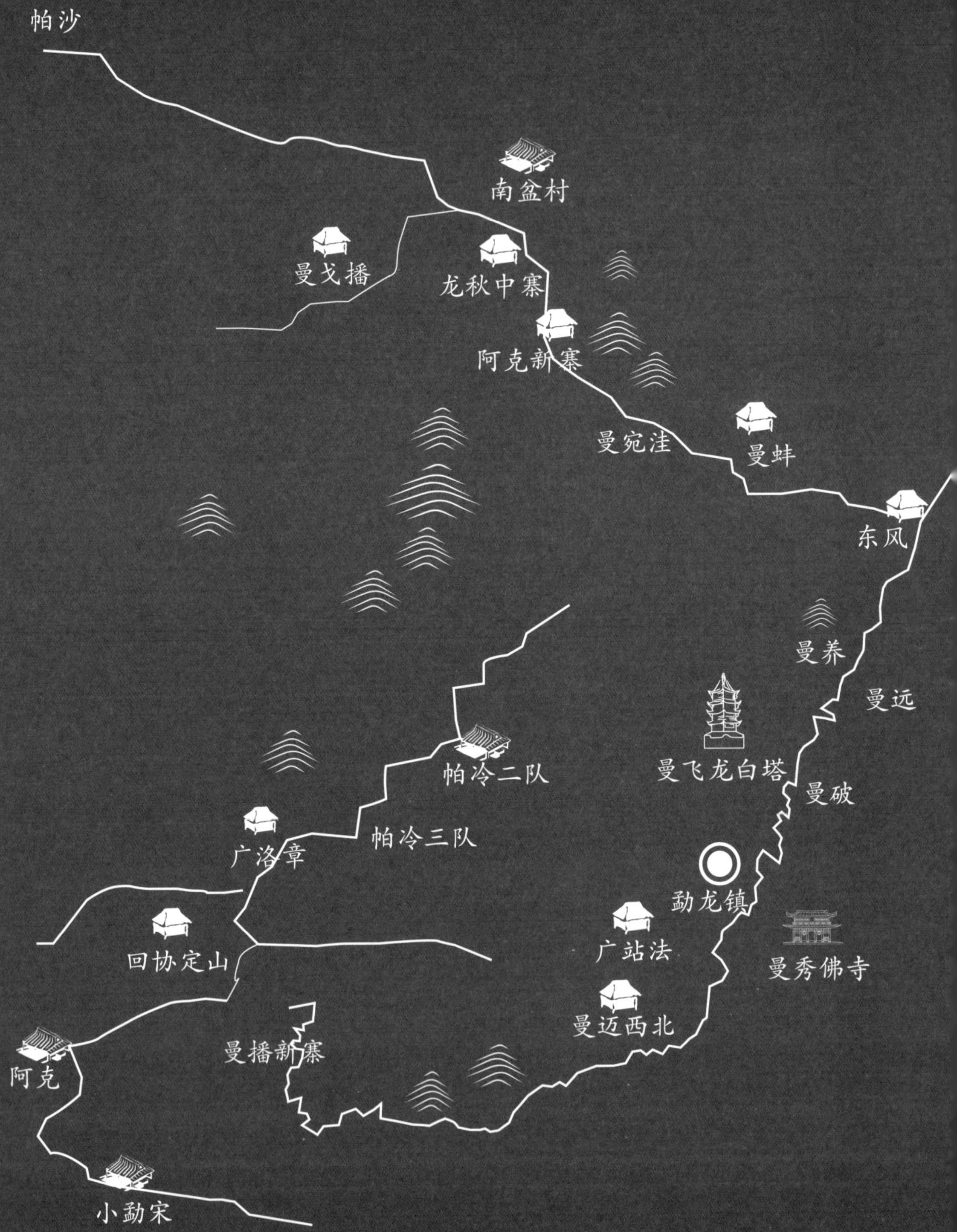

帕沙

南盆村

曼戈播

龙秋中寨

阿克新寨

曼宛洼

曼蚌

东风

曼养

曼远

曼飞龙白塔

曼破

帕冷二队

帕冷三队

勐龙镇

广洛章

曼秀佛寺

回协定山

广站法

曼播新寨

曼迈西北

阿克

小勐宋

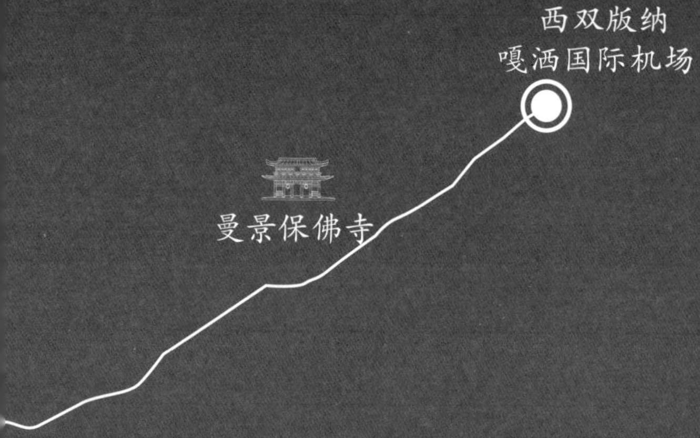

西双版纳
嘎洒国际机场

曼景保佛寺

大勐龙

被忽视的大茶区

盘根错节蒲扇一样的大茶树，超过很多寨子的茶王

大勐龙：被忽视的大茶区

西双版纳以古树茶闻名世界。勐海几乎囊括全境；勐腊则有易武、象明两大茶乡并立，包揽古六大茶山中的五座。而州政府所在地景洪市，在普遍的印象中，以几大农场和大渡岗万亩茶园最为有名。古树茶，似乎仅有一座攸乐山差可称道。

行走茶山十几年，随着足迹的深入，我可以毫不武断地说，景洪市的勐龙镇（俗称大勐龙）完全有资格独立为一大茶区，一个与攸乐并立的茶区，甚至其面积、产量以至品质都超过攸乐很多。如自序所述，澜沧江以东有古六大茶山，那么澜沧江以西就是新八大茶山：布朗山、南糯山、格朗和（包括帕沙、帕真）、贺开、勐宋、巴达、景迈山，然后就是大勐龙。

大勐龙隶属景洪市，地处中缅要冲，历来都属于交通要道，全镇辖 20 多个村。勐龙为傣语，"勐"是旧时行政区划单位，管辖范围低于"景""允"，高于"曼"（村一级），更多是指向坝子；"龙"（亦作竜）是大的意思。勐龙其实就是大坝子、大地方的意思。 目前，大勐龙除了已经稍有名气的小勐宋以外，还有几个一直被尘封或很少被宣传的寨子：曼播、帕冷、南盆，也是值得浓墨重彩书上一笔的几个大茶村。

菩提树下的帕冷寨子，背后是缅寺

第一节
帕冷、曼播，春风始过我门前

比起小勐宋来，曼播和帕冷的发现，终究是迟了些。好在，青山遮不住，春风毕竟还是刮到了这深锁在重重山峦之上的布朗族寨子。到过这里的茶友，无疑会被这里的一切所吸引，蓝天、白云、碧树、清风……甚至满寨子飘着的浓浓的牛粪味，都在为这里的茶叶品质做超凡脱俗的注释。

帕冷这个名字，相信很多茶友都很陌生。但说到其所属的村委会——邦飘，估计大家会有印象。在很多古树茶分布图里，邦飘都反复出现过，而邦飘的古树茶大部分就在帕冷。

从景洪出发，到达勐龙镇后，经过曼飞龙白塔，就是去往帕冷的岔路口。曼飞龙白塔建于傣历565年（公元1203年），已经有800多年的历史，在中国云南、缅甸、老挝、泰国均享有盛名。

去帕冷，首先得穿过一片片遮天蔽日的橡胶林，经行这片橡胶林得花费半个多小时。橡胶林，自然归坝子里的傣族所有。当地人都说，大勐龙的傣族是景洪最富有的傣族，此言不虚。一路所见，坝子里，家家楼房，户户有车。别墅式的楼房，少则两三层，多则七八层；车则轿车、皮卡两齐。在蜿蜒而上的过程中，橡胶林在不断地减少，上到海拔一千米以后，橡胶林减少直至没有，茶树开始出现。有茶树、有缅寺的地方，就是布朗族的村寨了。

爬到山顶回望，漫山遍野的橡胶林煞是壮观

帕冷是个布朗族寨，从下面看上去，有种人在云天画中居的感觉。"不敢高声语，恐惊天上人。"回首看下去，则极目楚天舒，整个大勐龙坝子尽收眼底。可一览坝子之阡陌纵横，炊烟袅袅；可一览满山的新翠软红，水天一色。与坝子里面的傣族比起来，这里的布朗族同胞普遍落后而贫穷。一进村子，满村寨都飘着浓浓的粪臭味，牛群在路上、寨子里、山上随意游走，走在路上，一不小心就会一脚踩到牛粪上。这里的布朗族普遍养牛，以补贴茶叶收入之不足，几户先富起来的人家已经盖上新房。帕冷有五个队，古茶树主要集中在三队，寨子就被古茶树包围着。新老茶园混合，从寨子后边开始一直连绵到后面的森林里，估计千亩有余。森林里，有新种的小茶树，已到了采摘期。而处在山脚或半山腰的其他几个队，茶树和橡胶林并存，当然，都是新种新栽的小茶树了。

这里虽然靠近勐龙镇，但因为山高路远，被重重叠叠的橡胶林阻隔和淹没，一直籍籍无名，算得上世外茶源。天蓝、水秀、风清，茶叶品质也十分优异，即使是几十年的新茶，也不逊于很多地方的古树茶。有兴趣的茶友值得一往观瞻。

曼播则属于勐龙镇陆拉村，有中寨、新寨之分，都是从以前的老寨搬迁出来的。新寨紧邻公路，寨子周围和半山腰上的橡胶树是村民的经济支柱。这里的村民属于胶农，而非茶农。沿着陡峭颠簸的公路上行十多公里，就到了中寨。一进寨子，满山的古茶树、新茶园间杂，如天然茶衣披满山坡。站在路对面远远地看过去，一座红瓦黄墙的缅

帕冷古茶树

还没进寨子，对面视野里的曼播中寨

寺高高耸立在寨子最高处，塔顶直入云天。从这标志性的建筑一看而知这是个布朗族寨子。

曼播中寨有 70 多户、400 多人，以前都住在高山上的曼播老寨。村民们清晰地记得，至 1953 年，老寨才搬迁完毕。搬迁理由不言而喻，老寨偏远且交通不便，生活不便，水源不便。如今，去到老寨采茶，还得骑上半个多小时的摩托。出了寨子，一条清澈如练的小河绕寨而流，潺潺涓涓。小河两岸，绿荫如盖，"一水涨喧人语外，万山青到马蹄前"。无人看管的水牛悠闲地在两岸的山坡上、洼子里或睡或走，或吃草或泡泥塘。头顶，是蓝得醉人的天空，沿路随意停放的摩托，显示着这里民风之淳朴。茶农采茶去，只在此山中。

这是一个紧邻缅甸的布朗族老寨。每年采茶季节，忙不过来的时候，村民们都会请来大批的缅甸布朗族帮他们采茶。茶地多的人家，每年开出的工费都要几万元。不过，这两年受新冠肺炎疫情影响，国境线防守严格，已经没有缅甸工人过来。平均下来，每家都有几十亩的茶园，多的上百亩。当然，新茶园居多，而古树茶只是少部分。

曼播寨子外面清澈见底的小溪

古树茶从以前的老寨周围开始，一直连绵到后面的深山里。因为缺少宣传报道，商业没太渗透，这里的茶叶恰恰保留了原始的韵味和野性，无论品质还是外观，均属一流。如今，茶价起来以后，村民们渐渐富裕了起来，年收入多则几十万元，少则五六万元，这是以前根本不敢想、不敢盼的。

我们去的那天，寨子里熙熙攘攘，一片喜庆，大家都穿着盛装。到处停满了轿车、摩托车，本村的、外村的，都赶来了，因为有人家要升小和尚。在傣族和布朗族寨子，升小和尚是件隆重的大事，不但全村的人都来庆贺，十里八村的亲戚朋友也都会赶来，这喜酒一吃就是两三天。随着现代文明的逐渐渗入，现在真正去寺庙里面当小和尚的小男孩越来越少，升小和尚举行隆重的仪式并大宴宾客也已不多见，除非偏远落后的寨子。

第二节
南盆，在那高山顶上

这是一个茶树数量可观的大茶村。虽然随着普洱茶十余年的持续风靡，已经很少有未被发现的古茶寨子，南盆依然名不见经传。在业内，已经有一批茶商、茶友在悄悄囤积这里的原料，但知者依然寥寥。

南盆，隶属勐龙镇南盆村。坝子处于海拔 800 米左右，最高处的南盆老寨则达到1600 米。南盆村委会下辖 7 个村民小组，其中 5 个寨子村民主要为僾尼人，路南新寨、老寨两个寨子村民主要为拉祜族。据村民们的讲述，他们祖上是从红河州开远市搬迁到这里的。

山对面拍南盆老寨

去往南盆老寨的山路颠簸崎岖，一路都在连绵的香蕉地中间攀升上行

不仅濮人，僾尼人也是古老的种茶民族，茶叶是他们生活中不可或缺的一部分，因而一旦定居下来就开始种茶。他们搬到此寨的历史和种茶的历史差不多长，因而最老的古树茶已经有 700 多年。

车过嘎洒镇，就进入了东风农场。东风农场是西双版纳十大农场之一，辽阔且富裕，在"农场为主、农垦挂帅"的年代里，其负责人地位和权力超过县处级。20 世纪那场浩大的知青、支边运动，西双版纳聚集了大批上海等地的知青，以及数以万计的湖南支边青年，东风农场是他们的首选之地。20 世纪 90 年代初，根据上海作家叶辛的知青小说改编的电视剧《孽债》，曾经引发万人空巷的现象，虽然很多情节稍显夸张，但一首主题曲让全国人民都知道了美丽的西双版纳。时过境迁，很多知青回城后，经常会回来怀旧兼支援，没回城的则留在了当地。无论是走的还是留的，都加快了当地的汉化，推动了当地经济建设，所过之处一派欣欣向荣。

东风农场路边有块不是很起眼的指路牌，右转进去，往曼燕、曼蚌方向走，经过曼宛沣，再过阿克，一路都是整齐划一的橡胶林，这是知青给西双版纳留下的最大财富。在西双版纳，除了勐海略微少一些，整个景洪、勐腊，只要有坝子的地方，都是遮天蔽日的橡胶林。

到了龙秋中寨，海拔渐高，橡胶林开始减少。再往上，就到了南盆中寨，进入了古茶树的家园。

据说，南盆有万亩以上的古树茶园。这个数字明显被放大，但上千亩肯定是有的。自上而下，古茶园主要有 4 个片区：南盆老寨、曼梭腊、南盆中寨、龙秋大寨。其中，龙秋大寨茶树较少，以南盆中寨、老寨为最多，而曼梭腊的古茶园与老寨几乎连在一起。

南盆中寨四围森林颇为茂密，据统计，古茶树多达 8000 多棵，年产古树茶 3 吨左右。在村委会，还能看到一张放大的合影，可以看出在茶叶没有兴盛的年代，村民们曾积极谋求发展，组织了一个小耳朵猪养殖合作社。茶叶价格水涨船高以后，养殖业就退出了历史舞台，变成了各家各户自养自吃。南盆中寨的古茶树大部分集中在寨子后山的森林里，沿路而上，路两边都能看到粗壮连片的古茶树和隐没在古树茶上采茶的茶农。

顺着颠簸的土路而上，又是另一番景象。一片片硕果累累的香蕉地，挂着一串串套袋待摘的香蕉，随时准备分赴大江南北。穿过这片规模可观、蜿蜒几公里的香蕉地，就到了曼梭腊。在这大山里弯弯绕绕走了几个小时，我们本想在寨子里停车找杯茶喝喝，结果几乎看不到人影，只看到两个小孩坐在楼梯口百无聊赖地叽叽呱呱，问说大人都去哪里了，他们指了指背后的森林："扯茶克（去）了。"

曼梭腊再往上，需要经过一段水冲路，路面被洗刷得高低不平，沟坎横亘，小心翼翼往上开，约半个小时左右，就到了南盆老寨，村子的最高点。已经是 4 月中旬，因为大旱，古树茶还没怎么发，只有少量可供品饮。老寨有 70 多户人家，不算很大，但中寨、新寨、曼梭腊都是从老寨分出去的。村民说，老寨的古树茶，在茶叶不值钱的时候，以一棵七八十元的价格，租了一半左右给一个广东老板，租期 10 年、8 年不等。

我们停下车来拍照，阿婆削了一大块芒果，放在刀背上递进车窗来

还租了村里几十亩土地，盖了个初制所。广东老板在景洪开修理厂，估计当时也是想好好做茶，大概修理厂生意忙不过来，或者茶叶卖得不是很理想，如今包了的古树茶，自己不做，反过来请村民采摘，再把鲜叶卖给寨子里面做毛料的人家。

刚进寨子，一阵倾盆大雨直泻而下。茶山经常是这样子，大雨说来就来说去就去，东边日出西边雨。在寨子里喝了几家茶才得止住，打道回府。回程的路，返回至曼梭腊，村民告诉我们：往寨子左边上去就可以到帕沙，半个小时就到；而如果下到东风农场坝子，再往嘎洒返回勐海，至少要两三个小时。虽然村民口中的半个小时我们将信将疑，但想想来时的路，也不想再走第二遍。抱着一试的心理，再加之这条环线之前没走过，便听从了村民们的建议，往左边泥泞湿滑仅能容一车通过的山路蜗行而上。

无限风光在高峰。随着海拔的渐次升高，回头望去，满山的郁郁葱葱，烟岚雾霭煞是壮观。而快到山顶，海拔 1700 ～ 1800 米高处成片的高山乔木茶园，也是一个惊喜的发现。这种地方出产的茶，即使不到古树只是乔木，不用试都知道品质绝对优异。

虽然途中有几次高难度的会车，又适逢这条小路在整修拓宽，其中一些路段被挖得松泡软塌而愈发难走，但总算有惊无险。一个小时左右，我们来到了熟悉的帕沙后山。顺着帕沙回勐海，是我们走了不知多少次的路，比从嘎洒绕回来，省了一个多小时的路程。

其实，从地理位置上或者从行程上看，南盆与帕沙与勐海更接近，小区划是隔了一座南盆后山，大区划是隔了一座路南山（路南山是勐海与景洪的隔界山）。但路是通的，且正在扩宽填实，绝大部分的南盆茶农，也是通过后山这条山路，把茶叶拉到勐海来卖。好在，随着一拨拨茶商、茶人的搜寻发掘，随着各种媒介的宣传扩散，南盆优异的古树茶正在渐渐崭露头角。小荷才露尖尖角，但离华丽绽放也不远了。

翻过南盆后山，就到了帕沙

第三节
小勐宋，我有故事，也有好茶

小勐宋的称呼，是为了跟勐海勐宋区别，因为勐海勐宋是乡，而小勐宋是村，乡大村小是自然的事。

"勐宋"一词，源自傣语，"勐"为平坝或盆地之意，"宋"为高山之意，"勐宋"就是"高山上的平坝"。在西双版纳众多的坝子中，小勐宋坝子是海拔最高的一个，平均海拔 1600 多米，最高海拔达 2000 多米。虽名为坝子，山区却占了 90% 还多，森林覆盖率高达 90%。小勐宋地处景洪最南端，南与缅甸接壤，西与布朗山相望，东接曼伞，北临另一大茶村——曼播。

古茶园中供歇息并摊晾鲜叶的简易棚

勐宋由 11 个自然村组成，主要为哈尼族，仅有一个 10 户人家不到的拉祜新寨。其中，大寨、曼加坡坎、曼窝科、曼加干边、曼加角、曼卖窑、回沙拉、蚌半均为西双版纳哈尼族的主要分支僾尼人，阿克、丫口两个寨子为哈尼族的另一分支阿克人，这里的僾尼人都是从勐海南糯山搬迁而来。全村大部分寨子均有古茶园，各个寨子的古茶园又多穿插、交织在一起。曼加坡坎是离村委会最近，且古树茶最大最连片、最具观赏性的。先锋是小勐宋最出名的苦茶所在地。据村委会提供的数据，勐宋古树茶面积 6000 多亩，加上前文所述的帕冷、曼播、南盆，大约 8000 亩。如此大的面积不亚于大勐宋，大勐龙完全有资格成为一个独立的茶山。

勐宋这几个寨子的名字一看便知是傣语，而当地的村民们有时还会叫他们的汉语名称，比如：光明、红星、红旗、东方红、革命、先锋、大寨等。至于哪个汉名对应哪个傣名，只有当地人才能分得清楚了。这些一望而知带着那个特殊时代浓重的印

小勐宋苦茶集中连片的曼加坡坎

笔者在采访"上新房"吃酒宴的老人们

迹的名字，毕竟雨打风吹去，只有经历过那个特殊时代的人才有鲜活的记忆；而年轻人和外来者，更愿意叫它们的傣名，这正应验了那句话：民族的才是世界的。

因为地处中缅交界地带，勐宋还是一个事故多发之地，或者说有故事的地方。新中国成立前后几十年的时间里，这里一直交织着鸦片（罂粟）、国民党、共产党的拉锯和角力。民国年间甚至直至新中国成立后，因为毗邻缅甸，落后而偏僻，这里长期是鸦片的种植之地，鸦片是当地的主要经济来源，可以拿到集市上（当地叫赶摆）公开交易，换取生活所需的各种物品，也可以直接换成银圆。直至 20 世纪 80 年代，国境线上都还有大量种植。也是 20 世纪 80 年代，当地的僾尼人才在政府的组织下分到了田地和茶地，这些古茶地、茶园逐渐成了今天的经济支柱。

抗日战争后期，缅甸和云南边境是重兵集结之地，是国民党和日军拉锯战的地方，国民党 93 师、94 师长期驻扎此地，这里 70 岁以上的老人基本都为国民党运送过弹药、物资。碰巧，我们去采访的当天，正好碰到有村民"上新房"（新房子落成请客），村子里的老人几乎都齐聚在一起吃喜酒、喝茶、聊天。一位 77 岁的女老人回忆，当时她才十几岁，被抓去运送了三四回炮弹。他们从本村运到下一个村，下一个村又传给再下一个村的人，如此接力下去。当时，这些地方还没有政府组织，没有公权力的领导，头人或族长就是绝对的领导和权威，也受到大家的拥戴和尊重。国民党为了逼迫村民们当苦力，就把村子里的头人抓起来，或者威胁头人。村民们为了头人的安全，都得乖乖就范。一位81岁的老人回忆，当时，他被压迫着往缅甸运送盐巴，沉甸甸两大坨，实在背不动，趁官兵没注意，扔掉了一坨。

还有一种情况，也是运送物资，但这是20世纪60年代了。那时，还有国民党部分残余盘踞在中缅边境，他们纠集当地部分被蛊惑的村民，变成了土匪，为患乡里。共产党进行剿匪时，村民们也往缅甸运送弹药和大米，但这时变成了给共产党的部队运送，变成了自愿，民兵是这支队伍的主力。

由于国民党长期驻扎，这里也留下了一些只知其母不知其父的国民党后代。一位60多岁的黎姓老人就是这其中的代表，他只是从母亲的口中知道，他的父亲姓黎，是一名广西兵，1949年新中国成立后跑到了缅甸。在他童年模糊的记忆里，父亲还偷偷跑回来过两次。直到20世纪60年代，共产党剿匪使得他们再没有立足之地，才从缅甸去了中国台湾。

山背后还有古茶园，山那边是缅甸

第四节

阿克，遗世独立的人间仙境

没去之前，就对这个地方心驰神往。

听说那里有独一无二的阿克人。

听说那里有原始社会的茅草房。

还听说那里的山涧里有山螃蟹。

当然，那里还有我们需要探寻的古树茶。

阿克老寨，阿克人曾经居住的地方。最早有两三户人家还没有搬迁下去，在山上养牛，现在就只是一个歇息乘凉的地方了

在行政区划上，这里属于勐宋村，但已经是该村最远的寨子，再翻过前面那座山，出去两三公里，就是缅甸了。这条线上，有阿克、丫口、蚌半、拉祜新寨 4 个寨子。蚌半是 20 世纪 80 年代从现在勐宋村所在地的光明寨（曼卖窑）搬来的哈尼族，有 15 户人家，而拉祜新寨是个仅有 7 户人家的小寨子。

阿克、丫口以前同处一个寨子，统称为老寨，就是如今古树茶和茅草屋所在的地方。老寨的茅草房里还有 3 户人家坚守着不愿离去，在这深山里养牛，看护着古茶树。他们每日在清风晨雾中，看太阳从头顶升起而慢慢滑行到山下的寨子。或在太阳升起，二两小酒下肚以后，带上弯刀，背上背篓，去山里寻找野味。没有野味的话，就砍上一篓竹笋，拾上一篓蘑菇。总之，大山的恩赐自然、丰厚而无私，总不会空手而归。

阿克的山螃蟹

山螃蟹变成了晚上的美餐

阿克，是个寨子，也是一个民族，寨子里的人自称为阿克人。在云南的基诺族被认定为第 56 个，也是最后一个民族后，不再开放认定新的民族。其他新发现的民族或族群，都被以习俗、语言、居住地等相近相邻的因素而划归到既有的民族行列。阿克人，在身份证上的归属是哈尼族，但他们自己包括本地的哈尼族都叫他们为阿克人。阿克人都会讲当地哈尼族的语言，而哈尼族却不会讲阿克人的语言，只有相邻不远的蚌半哈尼族会一些，其他地方的都不会讲，也听不懂。因为搬下来已经有几十年，在很多习俗

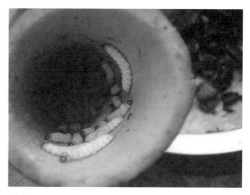
竹虫

阿克古茶树，刷了红漆的表示已经被承包　　　　茶树掩映中的阿克新寨

上，阿克人已经基本融入了当地的哈尼族，也跟哈尼族一样，实行父子连名。比如骑摩托带我们上山的茶农叫罗门，他父亲叫则罗，他儿子叫门坡。

除了语言上的不同，在服装和服饰上，阿克人跟哈尼族完全不是一样的风格，与哈尼族的任何其他支系也不同。笔者认为哈尼族可以在现有的二十几个支系的基础上再分出一个完全不一样的支系——阿克。期待有更多的民族学者可以到这里来，从语言、服装、习俗等方面做一个深入系统的调查研究，给阿克人一个准确的民族定性和画像。

还在十几年以前，大多数阿克人都住在山上的原始森林里面，住的是原始的茅草房、竹板房。1999 年，在政府的动员下，他们才从老寨搬到了如今的寨子。搬下来的时候，政府给他们提供了瓦片和木头，每户补助了 2500 元，阿克人从原始社会一步进入了现代社会。而随着古树茶的风靡，这样的深山老林也一样有闻香而至的茶商、茶客，也就是短短两三年的时间，寨子里已经是新式楼房林立，家家户户从年收入一两千一下子上升到了几万、几十万的行列，一步就把贫穷的帽子摔到了山梁那边。在老寨的古茶园里，很多树都被红色的油漆涂上了一刷子，这是有专门的茶商认养和承包的，听说费用不菲。

里养牛，牛也不归家，这个栏杆就是为了防止下山跑丢

笔者与阿克阿婆

阿克现有 46 户人家，丫口有 54 户，几乎家家都有古茶树，分配古茶树的时候，按当时的 210 人每人分得 22 棵计算，总共有 4000 多棵。还在老寨的时候，现在的新寨还是一片荒芜，阿克人已经到这里来种下了很多茶树，搬迁的时候自然就搬到了这片茶园包围中。如今，后种的茶树也有二三十年，加上搬下来以后新种的茶树，总面积达到了两千多亩。高天厚土，这里的小茶一样优质而抢手。

这个路边不起眼的小屋，处在一条干沟的底部和大路的拐弯处。屋外堆满了啤酒瓶。若不是同行的哈尼族姑娘阿布提醒，还真想不到这个紧锁着的小屋是干啥的，或以为是一户好酒的人家。当夜幕降临，这小屋里的音响响起、灯光亮起的时候，寨子里的年轻人就会来到这里唱歌、喝酒。这别致独特的酒吧兼 KTV，实在太具乡村特色，不知多年以后这里能否走出几个乡村牛仔

半坡新寨

半坡老寨

姑娘寨

南糯山茶厂

南糯山

石头寨

丫口老寨

多依寨

南糯山

古茶之首，科研摇篮

南糯山：古茶之首，科研摇篮

在老班章声名鹊起之前，南糯山是勐海当之无愧的头号招牌。即使老班章后来居上，南糯山依然难掩王者风范。老班章的大名大在价格上，大在有限的茶友圈子里，大在忠实的拥趸里。而南糯山的大名是大在更广阔、更厚重的时空里，不仅在于茶，还有学术价值、标本意义、民族变迁。王者风范，其来有自。

其一，地理位置上，南糯山位于景洪去往勐海的半路上，是去勐海的必经之路，近水楼台先得月。

其二，是村口立柱上那块巨大的广告牌：南糯山，中国古茶第一村。它坐拥 1.2 万亩古茶园，底气十足，当之无愧。

其三，无论是已经"仙逝"的茶王，还是如今的茶王，都是全球各地专家学者、茶商茶友们朝拜、参观、考察的必经必到之地。南糯山每年吸引着成千上万的观光客和朝拜者。

其四，南糯山是整个西双版纳乃至云南近现代茶叶科研、机械制茶的摇篮和发源地。无论是最早的思普茶业试验场，还是后来的云南省农科院茶叶研究所，都为

云南培养和输送了无数的制茶人才和科研人才。南糯山有着深厚的文化底蕴和基脉。

其五，南糯山茶种是云南后来很多特异品种、省级良种乃至国家级良种的母本之源，比如：紫娟；国家级良种云抗 10 号、云抗 14 号；省级良种更是不胜枚举。

其六，南糯山是整个西双版纳最大的哈尼族分支——僾尼人聚居地。哈尼族有二十几个分支，僾尼支系为西双版纳特有，包括老班章、新班章、帕沙等大名鼎鼎的寨子以及远至小勐宋的僾尼人，都是从南糯山分出去的。南糯山的僾尼人，据其父子联名的传统，可以回溯至五十多代前，也就是说，僾尼人在这片土地上已经有上千年的居住历史。

南糯山村委会隶属格朗和乡，位于勐海县城东部，距勐海县城 20 多公里，东与景洪市接壤，南与勐混相连，西与勐海、勐遮镇交界，北抵流沙河与勐宋乡隔河相望。南糯山辖 30 多个寨子，大多数寨子都有古茶树，古茶树较有名且较多的寨子主要集中在姑娘寨、石头新老寨、丫口新老寨、半坡新老寨、多依寨、竹林寨等。其中，茶叶价格最高的莫过于拔玛，而名气最大的当数半坡老寨。

第一节
半坡何止半坡多

南糯山在勐海的古茶山中，拥有至高的地位。而半坡老寨，又是南糯山的头号代表。因为半坡老寨是南糯山古茶园面积最大、最连片、茶树最古老的寨子。南糯山现今的茶王，就在半坡老寨。

半坡老寨之所以叫半坡，因其恰好位于南糯山的半山坡上，跟西安的半坡遗址没关系。当年，因为山高缺水，交通不便，还因孩子大了要成家立业，没地方盖房子，半坡老寨的人口慢慢分散、迁居，老寨分出了竹林寨、多依寨、半坡新寨、尔滇、永存、新路、戈然等多个寨子。而如今，半坡老寨只剩下二三十户人家。但人分出去了，这里的古茶树依然是他们不变的衣食之源和摇钱树。尤其是近几年来，古树茶价格一路水涨船高，南糯山居民家家盖起了小洋楼，开上了小轿车、越野车。

现代商业文明带来了物质上的丰裕和富足，但也使很多原生态和民族特色的遗存渐次消失。比如，干栏式建筑是西双版纳独具特色的民居，不仅是傣族，布朗族、哈尼族、拉祜族之前住的一直都是干栏式分层木屋。如今，民居几乎都变成了钢筋混凝土结构。偏远一点的寨子，或者是政府有意保护的村寨还勉强可以一往观瞻。人都有追求美好生活的权利，我们不能以自身的标准去要求别人。他们追求都市的现代，都市人喜欢他们的原生态，但若真来个角色调换，估计谁都不适应。有句诗说："画家不解渔家苦，好作寒江钓雪图。"

在这里，我们还获悉一个有趣的现象。早些年，古树茶没有兴起的时候，生态茶产量更高，不仅易于采摘，交通还方便；而古树茶山高路远，爬高上低才能采得一点点，价格还卖不过生态茶，有的人出于现实考虑，就用半坡老寨的古茶树交换了生态茶树，甚至把古茶树廉价卖了搬走了。命运弄人,如今,古树茶芝麻开花节节高,当年换茶树、换茶地的茶农,估计肠子都悔青了,暗地里不知抽了自己多少耳光。

当年的茶王"仙逝"后,在当地村民的发现和专家的倡议下,半坡老寨重新确定了新的茶王。如今,这里也成了世界各地茶友朝圣的必到之地,也是我们经常领客人参观的地方。我们去的当天,刚好看到一队外国友人来到南糯山朝拜古茶。领头的小伙名叫弗兰克,荷兰人,汉语说得很好。一行茶友来自全球各地不同的国家,都是奔着普洱茶来的,由于各自都急于赶路,没来得及交流更多。乐观的是,普洱茶的魅力已不仅仅局限于国内,在国际社会也获得了更多的名声和爱好者。但国外茶友尚处于认识阶段、猎奇阶段,普洱茶要想真正地渗透到他们的生活中,还有很长的路要走。

当年位于半坡新寨的茶王,因为接受着来自全球各地热心茶友们的朝拜和过度关爱,周围的植被和土壤遭到了严重破坏。雨打风吹800年屹立不倒的茶王,事与愿违,反而早早地辞别了人类。如今的新茶王,也似乎遭受着同样的命运,往来如织朝拜的茶友,反而破坏了茶王自身的生存环境和活力。太多人追求茶王的光环,都想尝尝茶王茶的味道,造成了过度的采摘,茶王的长势和发芽率明显逊于周围的其他古树。福兮祸所伏,但愿新茶王不要重蹈老茶王的覆辙。

到南糯山朝拜茶王的国际友人

茶王是最耀眼的明星

当我们都在给茶王照相、跟茶王合影的时候，茶王的女主人也在旁边。同行的茶友感觉冷落了她，叫上她一起合影。没承想，她却说了句"雷翻"大家的话："跟我照相的人多了，全世界的都有。"当然，说归说，她还是上前跟大家一一合影。他们家在茶王旁边设了两个小亭子，供往来朝拜的茶友喝茶、解渴、歇息，每次收费三五十元。春茶旺季，单此一项收入就上万元。而更大的进项则是古树茶，尤其茶王所产的茶。听她说，头春的茶王茶，不论斤两，被一个广东茶友以几万元买走了。

南糯山还有一点值得载入史册。1938 年，白孟愚在云南省财政厅支持下，在南糯山创办了"思普茶业试验场"。他从省内外聘请了技术人员，开展种茶、制茶试验，设立南糯山种茶场、制茶厂，新辟茶园 1100 亩。在云南首次从印度购进揉捻机、切茶机、烘干机等制茶机器，收购鲜叶或晒青毛茶，加工成红茶、普洱茶，销往境外。

这是制茶机器首次进入佛海（旧称，即今勐海），也是勐海茶业现代工业的开始。南糯山茶厂为勐海茶叶的发展燃起了星星之火。当年的老厂长杨开当如今健在，就住在老厂上面几十米处。老厂长的儿子说，老人家前几年还耳聪目明，能为来客讲解茶厂的历史，如今已经耳聋，但身体还不错。

南糯山茶厂老厂长杨开当（左）

闲置的南糯山试验茶场。曾经的辉煌已经夕阳荒草，神鸦社鼓

第二节
拔玛深深深几许

"庭院深深深几许"，这是一代文豪欧阳修的千古名句。跋山涉水才得见拔玛古树茶，一如帘幕无重数后蓦然回首得见的佳人，虽然来得晚了些，但你依然会被她遗世独立的风姿所倾倒。

相信大多数茶人——做茶的、访茶的、喝茶的，喝到的、访到的、制作的，都是南糯山村委会石头老寨的拔玛茶。是的，这个范围内，是有古树茶，稀落地散布在寨子周围的茶园里、茶地边、寨子周围。广而言之，这些地方所产的茶确实属于拔玛茶。但是，相信到访过的茶友都会有些许的失落，发出这样的疑问："这就是拔玛古树茶？也没多少，没几棵啊。"而实际上，这里虽然有古茶树，但不多，并非真正意义上的拔玛正山茶。

真正的明珠，不会总是投暗。4月7日，星期日的下午，我们在等候几位省外来客的过程中，石头老寨的财四送来了茶样。他开口便是："这是真正的拔玛古树茶。"反正已经试了很多的茶样，也不在乎多试一次，抱着权且的心态，试茶。一开汤，一入口，完全颠覆了我记忆中固定的味觉。那种柔和顺滑而不失醇厚回甘的口感，让我一下子认定了这才是真正的深山古树茶，也相信了财四的说法：真正的拔玛茶不在寨子里，拔玛小组所产的茶不足以代表以也不能代表拔玛古树茶。虽然他一再强调拔玛古树所在地离我们还有很远，而且车子也到不了山上，下了车还得走上一两公里的山路。我们依然掩饰不住一往探幽发微的热情，一睹拔玛古树茶真容的好奇。刚下飞机又刚下车的两位客人，也不顾还未卸下的满身征尘，同声赞成。于是，上路。

在财四的叙事语境中，他总喜欢把真正的拔玛古树茶所在的地方称为拔玛山，或者拔玛正山。就依他，就叫拔玛正山吧，一则，以示区别；二则，以示正宗。虽然市场上某些叫正山的古树茶并非真正来自源头。

众所周知，南糯山是中国古茶第一村（这其中，矗立在南糯山山脚路边的那块巨大的广告牌功不可没）。南糯山古茶中，无论价格还是名气，都是半坡老寨属第一。而你所不知道的是，在专业的小圈子里，在骨灰级茶客的茶杯里，真正的拔玛古树茶才是第一。其价格，要高出半坡老寨的一倍还多。所以，在石头老寨，拥有拔玛正山的古茶树，就相当于拥有了摇钱树，拥有南糯山古茶树的制高点。

镜头再回放，再往历史深处回溯。1986 年，新婚不久的财四，和他的新娘，走上几个小时的山路，炎炎赤日下劳动一天的成果，是采得 60 多公斤拔玛正山鲜叶。财四汗流浃背把茶背回来，交到勐海茶厂，按 0.36 元一公斤计算，挣得 20 多块钱，还不如别人就在家门口茶园采茶挣得多，即使到了 2003 年，一公斤古树茶的鲜叶，也只等同于一公斤茶园茶的鲜叶，价格每公斤 1.2 元。

拔玛茶所在的山林

于是，既跋涉劳顿且毫无劳动效率与经济价值可言的拔玛正山茶，家家撂荒，弃如敝屣。这一撂一弃，就是 20 多年。

幽兰生于空谷，不以无人而不芳。20 多年，无论人间几度秋凉，无论风云几番变幻，拔玛正山古树茶无言无怨、年复一年地随着春草年年绿，伴着松柏四季青。直到最近几年，在古树茶一路高歌猛进的大好形势下，有几位爱茶至极、懂茶至深的茶人，无意间洞见了拔玛正山古树茶的绝世清标。因为疏于管理，因为远离尘烟，拔玛正山古树茶原汁原味地保留了强烈的山野气韵，保持了简淡超逸的内涵与芬芳。20 多年，拔玛正山古茶终于等来了她的相知，迎来了她的华彩绽放。

镜头回到当下。拥有拔玛正山古树茶的财四，每天会开着他的越野车，载着三五个请来的采茶工，沿着陡峭蜿蜒且崎岖狭窄的山路，跑上四五公里，把他们送到汽车所能到达的终点，再让他们走上一两公里，去属于他的 20 亩拔玛正山茶地采茶。傍晚，再开车把他们接回来。一个头春茶，他已开出了几万元的工费，当然，这不仅仅是采古树茶的支出，他还有数量可观的大树茶需要采摘。

拔玛古树茶

今天，我们依然沿着这条路蜿蜒而上。一样的行程，一样需要下车徒步，不一样的是，车里的人来自天南地北。车在一户僾尼人家的小木屋旁边停了下来，无法再通行。从木屋所在的高处顺着山路攀缘而下，我们来到了一个小小的坝子。坝子四围，是连绵起伏的高山。高山上，松风阵阵。而坝子两头，是夹在两山之间的一条狭长而深远的河。这河，就是拔玛河。只是，拔玛河名不变而河已不见——河，变成了河床。河床，则被开成了一垄垄的水田。水田里，秧苗绿意盎然，田边，几件破衣服挑在竹竿上，是吓唬鸟儿的稻草人。两岸矗立高耸的山林，就是真正的拔玛正山。连着丰茂的森林植被计算，方圆大概几百亩——这，正是一流品质最天然的佐证和屏障。两岸显见的山坡上，虬枝盘绕的古树茶，显然不再是寨子里的茶树可以比拟。而更多的古茶树，则零星地散布在更远更深更高的深山里。正是采茶时节，采茶人但闻人声，不见踪迹，只在此山中，林深不知处。

分布在拔玛河两岸的古茶树，树围从四五十到六七十厘米居多，百多厘米的也不少。以我们平常的经验看来，这些古树从百把年到两三百年不等，最老的可到三四百年。

拔玛是遗世的隐者，若有心，你也可往一拜。

拔玛河已经变成了田垄

第三节
南拉，该姓"南"还是姓"苏"

南拉其实不远，但知道的人不多。

南拉有点尴尬，行政区划上属于苏湖村，却紧靠南糯山。去南拉，至少有三条线路可以走：第一条是往帕沙方向，到了苏湖村委会转进去。这条是最近的，但岔路口比较多。第二条则是到了南糯山以后，从南糯山顶最后一个寨子——多依寨背后顺着苏佛山方向走，约半个小时就到南拉。这条路以前很难走，路窄弯多，水泥路修通以后，变成了一条隐秘安静的林荫小道，清凉惬意。第三条就是到黑龙潭以后，往曼科松方向，沿着南糯山格朗和环线走，半路拐下去即可。当然，还有一条最原始的路，那就是山路。南拉紧挨着南糯山茶价最贵的一个寨子——拔玛，与拔玛茶地山连山、地连地。在味道上，南拉茶的口感也更接近南糯山茶，香柔、略涩，与

往苏湖方向去往南拉，一路山明日朗风清

五年前的南拉老寨

格朗和方向的帕沙、帕真茶的口味相去甚远，不是一种风格。所以，在这里，我们不以行政区划为界，而以茶山地理、茶味茶性为归旨，把南拉列入南糯山茶区，南拉应该姓"南"而不是姓"苏"。

站在南拉寨子，很容易就看到南糯山最高处的天文台。这个据说耗费几百上千万修建的天文台已经弃置不用，变成了南糯山一道景观，一个瞭望塔。站在塔顶，可以目无阻隔地把勐海和景洪坝子尽收眼底。

南拉是拉祜族寨，分为新寨、老寨，名义上是两个寨子，其实迤逦相连。两个寨子总共才有 80 户左右，都是拉祜族，400 多人，偶有一两户男主人是别的地方、别的民族上门。少数民族似乎有一种语言天赋，寨子离得近或者在一起生活久了，都会说另外一个民族的语言，即使这两种语言在语系语族上完全不一样。我们就碰到其中一位茶农，他妻子是本寨的拉祜族，而他则是墨江的哈尼族，会讲拉祜语和哈尼语。

南拉有四五百亩古树，年产毛茶1.5吨左右，不算多，大量的是乔木茶和后种的生态茶。南拉的村支书扎约说，从他记事开始，南拉的茶都拉到南糯山去卖。那时候去县城的路还没有修通，去往南糯山更方便更近。其实，南糯山从民国开始，一直就是勐海茶最主要的大宗原料采购地，在南糯山驻扎收料做茶的人很多。在 20 世纪 80 年代那场轰轰烈烈的"高改低"运动中，南拉的古树茶亦未能幸免，据扎约回忆，陆陆续续被砍到 2005 年才罢休。陡然间，古树茶成了新贵，2007 年茶农又赶紧将其放养起来。我们在茶地碰到扎约的时候，正是下午三四点钟，茶农差不多采完茶送出茶地来，五六个做初制所的等候在路边，准备抢购鲜叶。

南拉老寨采茶的拉祜族老人，淹没在茂密的古树茶中

扎约读完初中就辍学回了家，现在说起来满是后悔，在他看来，如果能有更多的知识，就可以把生意做得更大。但即使只读完初中，他也是寨子里面有知识的人了，当上了村支书，还计划做个宣传册，把南拉宣传出去，让更多的人知道这里有好茶。

三四年前，南糯山多依寨连通格朗和的环山公路正在修建

南拉老寨村小组门前的活动中心，崭新漂亮的篮球架几乎没用过

第四节 老背背，走夷方

古道背夫，身负一个家庭的苦辣悲辛

小时候，有人来串门，父亲就会在火塘上烤上一缸茶，茶香漫溢中，随着"滋"的一声，开水冲进搪瓷缸子，茶烟升起，父亲就会讲起爷爷辈"上茶山"的故事。我的几个爷爷都上过茶山，爷爷、大爷活着回来了，二爷、四爷、五爷、六爷去了茶山就不知所终（爷爷排行第三）。

那时候，上茶山一去就是一年半载，音信不通，道阻且长，侥幸活着回来就能赚回一家的生计。否则，不是被抢就是被杀，或者一病不起，有去无回。我没见过爷爷，父亲还小，爷爷就因意外去世，他只记得上茶山，背茶去。上茶山，是那些年唯一可以想到的生路，虽然前路凶险，生死难卜。至于去了哪里，哪座山，一概不知。直到我上一本著作《西双版纳古茶再探源》出版以后，父亲湮没的记忆才被唤醒，他指着南糯山一章笃定地说，爷爷们去的茶山，就是南糯山。

在普洱茶行业十几年，随着更多研究的深入和各种材料的发掘，上茶山——这个古老的行当与职业才为人所知悉。"穷走夷方急走厂"，云南这句老话残酷地揭示了底层人民所能选择的路子有多窄。如同余华笔下的许三观穷急了只能去卖血一样，云南人穷急了只有一条命一身力，不是踏上生死未卜的走夷方之路，就是找个厂矿去卖力，只有完整活着回来了才算数。在童年的记忆中，父亲和隔壁的叔叔们也曾经去个旧矿山挖矿背矿，一年才得见父亲一次。后来，隔壁的叔叔回来时已经成了一个"盒子"，父亲再不去个旧矿山，找了个家附近的煤矿继续背一家人的生路。

在茶马古道研究成为显学以后，马帮、马夫、背夫们的艰辛悲苦才得以为外界所知。有钱有势的大商号一般都养着几十上百匹的骡马，雇佣马锅头、马夫为他们效力。无一例外的是，他们还会自养或者雇佣护卫队，如同古代的镖局一样保镖护队。有些不大但也养着几匹或小几十匹骡马的小商号，则互相拼帮搭伙，为了壮大声势和路上互相照应。那个年代，土匪是真刀真枪要命的，强盗是明火执仗抢人的。而像爷爷这样的草头百姓，就只能做背夫，靠一己之力、一个背篓、一根拐耙，约上几个乡邻一起，烧炷高香上路，听天由命。

民国时期，勐海（时称佛海）茶叶贸易联盟的推动者、参与者、复兴茶庄创始人——傣学学者李佛一在《十二版纳志》中记载："一部分由宣威茶商，雇领人夫，数百成群，直接到边地购买，即由带来人夫，背运至滇东一带销售。每人背茶一百斤至

早些年，元江大桥还是世界第一高桥，没有限速，可以短暂停留拍个照。桥下，那条曾经让人闻之色变、恶浪滔滔的元江，已经平缓如溪。

一百五十斤，日行二三十里，约需一两个月之时间，方能背至宣威。时有体力不胜，沿途倒毙者。此方称此类人为'老背背'。交通不便，对于人力人命之浪费，至足惊人！"想来，爷爷们就是为这些大商帮做的背夫。甚至迟至十几年前，詹英佩老师告诉我，她在茶山采访，都还流传着很多"宣威老背背"的故事。

有时候，躲过了人祸，却逃不过天灾。1938 年，刚刚毕业于清华大学的姚荷生，参加云南省建设厅组织的"边疆实业考察团"赴西双版纳。一路行止有马骑，伤病有轿抬，吃住有官家接待，安全有武装护卫，尚且感叹艰难凶险，凭一己之力讨食的个体可想而知。父亲没有去西双版纳之前，记得爷爷讲过，其中最难走最难逃的一个地方叫元江。那个地方，在爷爷的讲述中留下了太深刻的记忆，因为前前后后已经有好几个乡邻病亡于那个地方，葬身于那条大江。姚荷生在《水摆夷风土记》中写道："元江是云南有名的一条恶水，一则因为水流湍急，二则江上的瘴气也实在太厉害，每年牺牲的性命也不知凡几。"

其实，岂止是元江，整个滇南地区，一路都是烟瘴毒雾笼罩的津关渡口，甘庄坝、元江、思茅、澜沧江。"要到车佛南，先买好棺材板；要到普藤坝，先把老婆嫁。"姚荷生说，"所谓瘴气就是一种恶性疟疾，来势凶猛，又是在医药缺乏的区域，病人当然无救，于是它便蒙上种种神秘色彩，使人谈虎色变了。"缪尔纬在《开发普思沿边计划》

中指出："沿边瘴疠之毒，固由地位卑湿，田土荒秽，村政不讲，其住居之不适卫生，尤为最大病原。"熊光琦在《开发澜沧全部与巩固西南国防之两步计划》中亦认为："所谓瘴者，天然气候，仅占十之二三，而人事则当占十之七八，盖皆于卫生毫不讲求也。"然而，那个年代，填饱肚子已成问题，遑论其他？只能年复一年，前赴后继地行走在那条生死路上。"利切己，命如纸，若使衣食有所恃，谁肯轻生来至此。"

如今，随着交通畅达，卫生改善，科技进步，瘴气已经烟消雾散。那一条条马夫、背夫们血汗铺就的茶庵鸟道，已经湮没于荒山野岭、斜阳衰草中。天堑变通途，元江早就修通了跨江大桥，新近又开通了高铁，曾经的世界第一高桥也已退居二线。当年的深沟险壑、瘴雾迷烟、土匪强盗已经成为历史和谈资，马帮、背夫也已退出历史舞台，谋生不再那么艰辛。父亲也得遂所愿，跨越他父辈们的足迹，一日千里，抵达了美丽的南糯山。而我亦扎根西双版纳多年。

笔者父亲在南糯山

西双版纳
嘎洒国际机场

南糯山

雅航村　帕盆

帕真新寨

曼迈板

帕真老寨

帕真小寨

水河新寨

水河小寨

水河老寨　九二村

西寨

格朗和

总被他山遮望眼

格朗和：总被他山遮望眼

格朗和为哈尼语，吉祥如意之意，位于勐海县东部，其东部和东南部与景洪市嘎洒镇接壤，西南部和西部与勐海县勐混镇相连，西北部与勐海县勐海镇交界，北抵流沙河与勐海县勐宋乡隔河相望，是一个以哈尼族的分支——僾尼人为主体的民族乡。它最高海拔 2200 米，主峰即为最近几年声名鹊起的雷达山，精明的茶人们给它找了个卖点：西双版纳第二高峰。

格朗和全乡辖南糯山、苏湖、帕真、帕沙、帕宫 5 个村民委员会。茶叶是全乡的主要经济来源和支柱产业。全乡现有茶叶种植面积约 5 万亩，遍及全乡 5 个村委会，面积较大的主要集中在南糯山、帕沙、帕真 3 个村委会。南糯山我们已经作为单独的一大茶山有专门论述。这里，我们只说帕沙、帕真。

这是仅有 10 户左右人家的一个寨子，有一点点古树茶，别的茶都是普洱茶热起来以后新种的。这个寨子可以连到另外一个村委会——帕宫。从这里俯瞰勐海县城，位置绝佳

帕沙古树茶

在詹英佩所著《普洱茶原产地西双版纳》一书中，她曾有提议：帕沙是应该单独作为一座茶山列出的，而不应该简单地归并到南糯山。如果你去到勐海，去了南糯山，也去了帕沙、帕真，相信你一定会赞同。如我在序言中所述，帕沙曾是勐海新六大茶山的备选项。我的提议是，帕沙是应该独立出来，但作为一座独立的大茶山，又略显单薄，应该加上帕真，统称为格朗和茶山。

其一，南糯山和帕沙、帕真同属格朗和乡，但属于3个不同的村委会。方向上，更是南辕北辙。南糯山在勐海以东，在勐海去往景洪的半路上，只需20分钟车程。而帕沙、帕真则在勐海以南，与勐混、布朗山接壤，去到格朗和差不多需要一个小时。两山完全在两个不同的方向，且中间被路南山和苏佛山阻隔。

其二，帕沙、帕真都在格朗和乡政府背后，山水相连，茶山茶园相连，民族相同。虽然帕沙成名更早、名气更大，但近几年，帕真茶借着雷达山之名，扶摇直上，并不逊色帕沙多少，两个寨子完全没必要分开。

其三，以狭义范围（仅限勐海县内）的新六大茶山而言，基本上，每座茶山的面积都在 3000 亩以上，最大的南糯山达 1.2 万亩，居各大茶山之首。而我们采集的数据是，帕沙共有茶山面积 5500 亩，其中古茶山面积 3000 多亩。帕真的数据略显随意，有 2000 亩之说，有 600 亩之说，但是，1000 多亩，应该是有的。两个寨子加起来 4000 多亩应该是没有问题的。

其四，如果从专业品鉴的角度看，南糯山茶和帕沙、帕真茶无论从外形上还是口感上，都是风格迥异的。南糯山茶略显涩底，风格近勐宋茶，而帕沙、帕真茶风格近布朗山茶，偏苦味。

所以，帕沙、帕真作为一个独立的大茶山——格朗和，是完全站得住脚的。事实也如此，这两个地方的茶，正以其无可辩驳的实力和特色鲜明的口感、韵味迅速崛起。

第一节
帕沙，一朝成名天下闻

从勐海去往帕沙的路上，好几个岔路口的石头上或指路牌上都写着石头寨、半坡寨、丫口老寨字样，让人云里雾里——这好像又到了南糯山？其实这些跟南糯山同名的寨子，都属于格朗和乡的另一个村委会——苏湖。只不过苏湖古茶树不多，不太出名而已，但这里的上万亩生态茶一样是优中之选。且不说当年勐海茶厂在这里的大规模收购，光一路上怡神悦目的苍翠和沁润心田的清风，就足以让你停车驻足。

经过苏湖，约20分钟车程，就到了一碧如洗、波光粼粼的黑龙潭。黑龙潭往左，是去往帕真；往右，就是去往帕沙。人类学家姚荷生在1938至1940年考察过程中写成的《水摆夷风土记》一书中有个有趣的片段："云南人似乎喜欢夸张，凡有泉水都称为龙潭，因此云南的龙潭之多甲于天下。平均每县都有一两个。"估计很多朋友都会会心一笑，于我心有戚戚焉。

格朗和乡政府就在美丽的黑龙潭湖畔

整个格朗和坝子，都是成片的水田，多属于傣族。对西双版纳民族历史沿革略有常识的朋友都知道，新中国成立以前，傣族是西双版纳的贵族，统治着其他各少数民族。在茶叶不值钱的年代，傣族是富裕和权势的代表。所以，坝子里的水田都是傣族的。而布朗族、哈尼族等少数民族，则只能在大山上居住。他们靠山吃山，靠茶却吃不上茶。如今，古茶树变成了摇钱树，山上的民族兄弟，反成了令人艳羡的对象。春茶忙不过来的时候，他们还请坝子里的傣族人来帮忙采茶、炒茶。工厂里面扎筒、包绵纸的工人，也大多是傣族，当年的贵族变成了打工者。这个现象，在这几年尤其突出，特别是古树茶较多、较贵的寨子。

坝子以上略高一点的地方，就是甘蔗地了，这些地，也是帕沙的哈尼族在茶叶没有成为"大钱粮"以前，赖以生存的收入。如今，在茶叶行情大好的日子里，除非是没有茶叶、茶地的人家，不然都不种甘蔗了。比起种茶来，种甘蔗又苦又累，所得还极其有限，几吨甘蔗还比不上一斤茶叶。

帕沙成名已经有些年头。去帕沙的路上，一路所见，都已经融进了古树茶的热浪中。不但路边小广告牌林立，大大小小的厂家都已经在帕沙建立了自己的初制所。有的甚至还大手笔地把基地和新厂都落在了帕沙。

帕沙是个村委会，辖有帕沙老寨（一二组）、帕沙中寨（一二组）、帕沙新寨（上新寨、下新寨，也叫南干、老端）共6个村民小组、470户、约1900人。帕沙海拔高达1850米，平均海拔1700米。6个寨子不仅间隔不远，古茶树也村村相连，寨寨相接。

寨子里接待我们的，是一个年轻的哈尼族小伙，名叫二四。寨子里有很多个二四，就像每个傣族寨子都有很多玉香一样。这个二四，是因为他的父亲叫四二，他是家中的老四，所以叫二四。顺理成章地，二四的几个哥哥依次就是二大、二二、二三。我们依此推理，他的儿子们，是否又顺理成章地叫四大、四二、四三、四四……那岂不是孙子跟爷爷、大爷、三爷、四爷又同名去了？僾尼人父子联名是个传统，纯粹以数字为名，其实也是当年原始落后的一个表征。随着社会发展和文化普及，他们开始有意识地加上一些汉字，尽量避免名字撞车。在古老的年代，每个哈尼族寨子都有一位"龙巴头"，地位相当于族长或酋长。龙巴头相对是比较有

帕沙茶王几年前已经被某企业抢先包下，颇有市场先见之明。茶王四周，也装
上了防护栏

文化的，能识文断字。所以，很多人家小孩出生以后，都会请龙巴头帮忙取名，这
样就能减少名字撞车的概率。在南糯山，我问一个叫纠火的茶农："这名字是什么
意思？"他一脸茫然："我也不知道啊，龙巴头给起的"。这种现象跟傣族很像。
傣族是一个笃信佛教的民族，寺庙里的大和尚就是文化和身份的象征，他们也有着
请大佛爷起名的习惯。

二四是个三十不到的小伙，在寨子里却是个名人。我们到寨子里问路的时候，一问，
都知道。"哦，那个茶老板家啊！"在哪，怎么走，都会热心地告诉你。因为勤奋，
因为肯吃苦，虽然他们家自有的古茶才有 200 多公斤，但他把寨子里的鲜叶大量收
回来自己加工销售，每年的毛茶做到了 2 吨，是寨子里的做茶卖茶大户。又因为头

脑灵活，跟外界的茶厂、茶商、茶友联络较多，所以，二四是寨子里年少有为的榜样，拥有寨子里最早、最霸气、最拉风的四驱皮卡。

二四见证了普洱茶的起起落落，也见证了帕沙茶从几十块钱一斤开始，到如今两三千的一路飙升。乘着二四崭新的皮卡，我们绕着整个寨子走了一圈，用时半小时。而这，还只转了寨子周围山上这一片，只是帕沙茶山之一角。寨子背后，更深更远的大山里，还有成片的古茶树，连到勐混，连到布朗山。

近几年，在帕沙已经成为热点，似乎没有太多上升空间的时候，又有人把其中一个叫作"犀牛塘"的小地块拿出来专门炒作，鲜叶价格达到了几千元一斤。

帕沙，多依果，陕西人说，给我一个馍，我可以夹遍天下。茶山人民说，给我一碗辣椒面，没有什么是不可蘸的。多依果可蘸，木瓜可蘸，连香蕉、苹果都可以蘸着辣椒面吃

第二节
帕真，雷达山，西双版纳第二高峰

帕真村委会位于乡政府东边，是个较大的村委会，辖13个村民小组，其中9个村民小组有古茶园。帕真的古茶园分布在5座山上，间隔4个山凹，其中最大的古树茶主要集中在芹菜塘。

很多人都有这样的感觉：去过十次八次帕沙，甚至几十次帕沙，却很少或者没有去过帕真。去帕真，只是在黑龙潭分岔路口拐一下而已，就是方向盘转一下的事。惭愧，我跟大多数人一样，去了多少次帕沙记不清了，但是去帕真的次数数得出来，直到帕真出现了一枝独秀的"雷达山"。这也是茶山一个尴尬而残酷的现实：在一个山头或者乡镇、村委会，没有出现标志性的名山、名寨以前，都门可罗雀。无论是做茶的茶商，还是山头茶的爱好者，大家都是追着热点跑。

黑龙潭往左，是一个小集镇，可去往帕真。格朗和乡政府就在这个集镇上，在美丽的黑龙潭湖畔。很多人也许不知道，从集镇向左，可以去往南拉和南糯山。小镇出去几公里，有一个寨子，叫曼科松。这是一个傣族寨子，寨子背后，还有一个白龙潭。比起黑龙潭，白龙潭小很多，不知这个潭是为了跟黑龙潭对应而后来命名的，还是本来就一直在那里。

去帕真，先过水河老寨，然后是水河小寨，再然后是水河新寨，或者就叫新寨。新寨是帕真村委会驻地。在西双版纳，各种新寨、老寨多如繁星。这是少数民族的一个习惯，寨子一大，人口一多，就会分寨，新分出来的叫新寨，以前的当然就是老寨。一般来说，如果之前的老寨有名字，比如石头寨，新分出来的就叫石头新寨，之前的寨子就叫石头老寨。这是哈尼族、汉族或其他民族的叫法。如果是傣族，或者布朗族，新分出来的寨子，全都叫曼迈。"曼"是寨子的意思，"迈"是新的意思，这就是为什么西双版纳有那么多寨子都叫曼迈的原因。

水河新寨往下，经过一个很有意思的寨子——九二村。经过很多次，心里充满了好奇：这个地名真是特别，有何寓意？多少次都是匆匆路过，办完事情找完人就走，没去探究一下。直到有一次，站在路边的师大热情地叫住了我们，叫我们到他搭在路边的茶房喝茶。当然，光看名字，你就知道了，师大是哈尼族。师大不识字，但脑子灵活，生意做得不错，搞过养殖场，现在主业是买卖毛茶，顺便在路边支了个摊摊儿卖烧烤。我们问他朋友圈文字是怎么发的，他说叫小孩帮忙编的，微信交流主要靠语音——带着山味普通话的语音。南来北往的茶客多了，他已经习惯一开口就讲普通话。这个只有40多户人家的小寨子，因为是1992年在政府的动员下从背后的雷达山上搬下来的，或许是实在不知道该叫什么好，或许是为了纪念这次改变命运的搬迁，所以这个小寨子就被命名为九二村。

在山顶俯瞰格朗和，往左一直连通到勐混坝子

帕真一线上，最后一个寨子叫帕盆，帕盆再出去，顺着蜿蜒的山路一直走，就到了景洪大勐龙地界。这条线上，古茶树主要集中在水河新老寨背后的雷达山，以及帕真新老寨、曼迈板。这个名字，也许你看到过很多版本，有曼迈板、曼麻板，还有曼卖榜，其实指的都是同一个寨子。这些名字是根据音译而来，所谓"译音无正字"也。曼迈板寨子背后的古茶园是帕真最集中、最具观赏性的茶园，不仅植株粗大，且植被保存得非常完好。还有一个明显的特点，就是这里乱岩巨石丛生，跟古树茶相伴相生肖然挺拔数百年。陆羽《茶经》云："茶者，上者生烂石！"北宋大书法家兼贡茶采办使蔡襄《茶录》亦云："茶生石缝间，盖精品也。"在云南，这样的生长环境遍地皆是，不唯曼迈板，包括那卡、贺开部分地块，还有远在临沧的邦东，都是这样的好茶出产地。

相对于老班章、冰岛等鼎鼎大名的山头，这里相对冷落一些。我们在古茶园里面游走察看茶地的时候，一家正在给客人挑采大树的茶农热情地招呼我们跟他们一起吃午饭，其时已经是下午两点多。再往上，一个挎着蛇皮口袋采茶的大姐，被一棵枝繁叶茂的古树茶包围着。跟她搭话，她敏捷地跳下树来，大手一挥："这里这里，到那里那里，都是我家的茶地。"问她那么多茶树怎么就她一个人采，她骄傲地说儿女都在上班。一个是老师，一个是医生，没空来做茶，只好老两口自己做自己卖，他们也不以为苦。比起以前，这已是天壤之别，何况，这大山里的少数民族，能靠读书走出农门的，简直就是奇迹。回程的半路上，我们还被一个大哥热情地邀请去看他家的茶树王。经过半个小时的爬坡上坎，终于见到了他家那棵最大的茶树，确实冠幅够大、树干够粗，但已经被采过了。这大哥以为我们是去买单株的，说第一波单株已经被人预定采掉了，可以预定第二波的或者秋茶，再不满意就等明年的头春茶。

雷达山热起来以后，帕真的古树茶基本都叫雷达山茶了。对此，师大意见很大，一再重申只有水河寨背后大山上的古树茶才能叫雷达山茶。为了证明自己的说法，他热情地跳上我们的车，立即就要带我们去看真正的雷达山，看真正的古树茶。其实，曼迈板古树茶最集中的山头，跟水河寨背后的雷达山，两村相距也就几公里；且山连山树连树，如果不是本人亲自盯做，或者不是茶农很本分地告诉你，让你喝，你是根本分不出两个山头的区别。这种极其细化的山头分类，只能靠茶农自己发自内心的诚实，或者买家、受委托方亲自盯采才可能分得清。撇开这些前提条件，到了终端消费者那里，这种极其细化的分类是没有多大意义的。

在师大的引领下，我们顺着狭窄曲折但平坦的水泥路一路蜿蜒上行，不出一个小时，就来到了接近最高峰的地方，这里就是雷达山，也是西双版纳的第二高峰，海拔2200 多米。雷达山，本来不叫这个名字，后来因为山顶建了一个雷达观测站而得名，因是禁区到不了顶峰，只能远远地看到依稀露出的营房和高高耸立的雷达站。这里本来是条很烂的路，以前上来采茶，骑摩托都要一个多小时。自从有了部队并且常驻以后，一条颠簸陡峭的烂泥路被修成了平坦光滑的水泥路，大家对部队都满含感激之情。雷达山出名以后，在高高的山顶，路面稍微开阔一些的地方，专门修了一个观景台，给南来北往的茶客一览众山小，把整个格朗和尽收眼底。在观景台，还可以看到右边的景洪坝子，左边的勐混坝子。如果是丰收时节，则满眼的金黄灿烂，稻浪翻涌；若是蓄水期，则是波光潋滟，一派祥和。

曼迈板茶地

曼板傣寨

暧暧远人村，依依墟里烟。曼板处在格朗和来回的路
上，是云南省第二批实施特色乡村旅游建设项目的村
寨，以游傣家寨、吃傣家饭、住傣家楼、做傣家人等
民俗文化游和温泉资源为亮点，可惜近几年因为新冠
肺炎疫情的影响，游客近乎绝迹

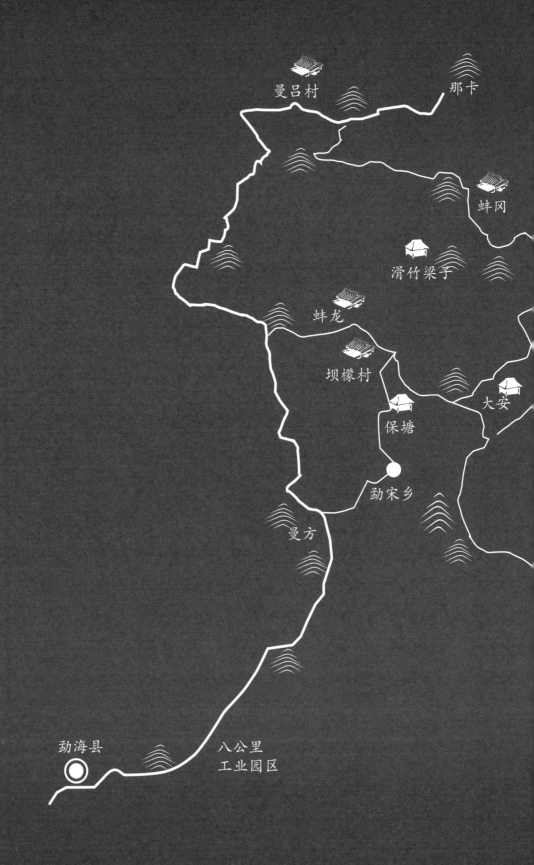

曼吕村

那卡

蚌冈

滑竹梁子

蚌龙

坝檬村

大安

保塘

勐宋乡

曼方

勐海县

八公里
工业园区

勐宋

版纳之巅，居高香自远

曼西龙

曼西良

本老寨

勐宋：版纳之巅，居高香自远

这个勐宋，是勐海县勐宋乡，俗称大勐宋，以区别于景洪市勐龙镇的勐宋村委会——小勐宋。在勐宋乡，名气最大的茶，大不过那卡茶；最高的茶山，高不过滑竹梁子；而要比最大、最粗、最古老的茶树，则非保塘旧寨莫属。

勐宋，为傣语地名，意为高山上的平坝。勐宋于 1987 年设乡，主体民族为哈尼族，另有拉祜族、汉族、傣族、布朗族等。全乡辖曼迈、曼方、曼金、曼吕、蚌冈、蚌龙、大安、三迈、糯有 9 个行政村，几乎村村寨寨都有古树茶。

勐宋乡位于勐海东部，东与景洪市毗邻，南接格朗和乡，北与勐阿乡相连，西南为勐海镇。境内水系均为澜沧江水系，有大小河流 21 条，小型水库 3 座，主要河流有南本河、蚌冈河、流沙河。

勐宋全乡山坝相间，以山为主。它地处横断山脉的南缘地段，山高谷深，河流交错。地形特点是东西宽、南北长，地势由西北向东南倾斜。境内最高点在滑竹梁子，海

滑竹梁子是纳板河流域国家级自然保护区核心腹地

拔 2429 米，被称为"西双版纳屋脊""西双版纳之巅"，地跨蚌龙、曼吕、蚌冈、大安、三迈 5 个村委会，方圆 27 平方公里，是西双版纳境内海拔最高的山峰。

除了有"版纳之巅"这个招牌，勐宋还因其茂密的植被和丰富的物种，被划为"纳板河流域国家级自然保护区"。这是中国第一个按小流域生物圈保护理念规划建设的多功能、综合型自然保护区，1991 年批准建立为省级自然保护区，2000 年晋升为国家级自然保护区。保护区以纳板河流域为主，地跨景洪市嘎洒镇和勐海县勐宋乡、勐往乡，主要保护对象为以热带雨林为主体的森林生态系统及珍稀野生动植物。保护区内已知维管束植物 278 科、1053 属、2345 种（含变种、亚种），其中国家重点保护植物有 20 种；已知脊椎动物有 35 目、100 科、285 属、437 种，昆虫 327 种，其中国家重点保护动物有 68 种；已知大型真菌 38 科、90 属、156 种。

能作为国家级自然保护区的地方，适种茶叶自不必说，加之近年来受茶叶价格上涨带动，新种茶树、茶园大面积增加，全乡大小茶园面积四五万亩。古茶园主要分布在大曼吕、大安、蚌冈、蚌龙、三迈几个村，茶王树在保塘，而那卡是古树茶的主产地，也是闻名遐迩的竹筒茶发源地。勐宋茶在版纳系以香高出名，虽然没有像铁观音、绿茶那样"一杯足使满堂香"的散逸效果，但其挂杯香那种热香馥郁浓厚、冷香持久绵密的迷人魅力，是其他茶山寨子茶类所不具备的。

除了茶叶，云麻、竹子、甘蔗也是勐宋的特色产业。

第一节
蚌龙，滑竹梁子腹地的大茶村

蚌龙以前属于坝檬村委会，如今坝檬又反过来划归给了蚌龙村委会。蚌龙是个大村委会，下辖18个村民小组。蚌龙背后，就是连绵起伏，几乎横跨勐宋全乡，高达2429米，被称为"西双版纳之巅"的滑竹梁子；前面，面对的是盛产稻米和甘蔗的勐宋坝子和山间河谷。

去蚌龙的路有两条：一条是出了勐宋不远的曼方上去的三岔路口最下面一条路进去，这条路直通蚌龙，从蚌龙再往上去到坝檬、保塘；另一条就是走三岔路的最上面一条，这条路首先是去往保塘，然后再从保塘下到坝檬，从坝檬下到蚌龙。从保塘去往坝檬有5公里左右，从坝檬去往蚌龙有3公里左右，几个寨子相距都不是很远。这条线路是蚌龙村委会主要的古树茶集聚地和较具观赏价值的古茶探访线路。

保塘后面再说，这里先说坝檬和蚌龙。

坝檬是哈尼族寨子，地处滑竹梁子腹地，是个有着90多户人家的大寨，也是个大茶村，虽然名义上分为两个寨子，其实是相连的。

这里的茶树从寨子周围开始一直连绵到背后的深山里，差不多有一两千亩，年产干毛茶 10 多吨，有两个厂家常年在这里收购，收购价格已赶上了相邻不远的保塘。

寨子里的人说，有人拿这里的茶冒充保塘茶。在我看来，这本就是相距很近的寨子，也同属一个山脉，有着同样的植被和气候、土壤条件，何来冒充？我不太提倡这种分得过细过小的"山头主义"。分得太细太小，一则不利于对茶友和消费者的正确引导，二则助长了掺杂使假的风气。只是相对于保塘的汉族来说，坝檬的初制水平有待提高。

坝檬下去两三公里，就是蚌龙，这也是个哈尼族大寨，有蚌龙老寨、中寨、新寨 3

凤尾竹掩映下的蚌龙大寨

房前屋后都是蜂巢

小山村里的国际学校

个寨子、280多户。这里的茶树也属于滑竹梁子山脉，有着一样丰厚的植被、一样优异的自然环境和得天独厚的气候条件。价格也在附近寨子的带动下逐步提高，村民的收入和生活也慢慢得到改善。蚌龙的茶叶因为起步较晚，所以这里的村民大部分都还保留着其他的经济来源。其中一项就是家家户户都养蜂，多则几十上百窝，少则五六窝，养的多的人家一年的蜂蜜都可以掏几百斤，最多的一家能出一吨多。蜜蜂酿蜜一般都是从二月份春暖花开的时候开始，最迟可以持续到六月份花期过后梅雨天来临之前。春茶、夏茶时节上山收茶、做茶的朋友，可以顺便买些这大山里原生态的蜂蜜回去送给亲戚朋友。

蚌龙村委会的小学有另外一个名字：英国培中小学。这是在英国培中助学基金会的华侨同胞捐款一部分、县政府又补助一部分的基础上盖起来的一所扶贫小学。已是傍晚时分，仍有一些小学生在学校里嬉戏玩耍。茶山的孩子从小在茶香中长大，但愿他们长大以后能播散更多的芬芳。

我们打道回府的时候，已是傍晚时分。一路上，成群结队的水牛、黄牛行走在暮色中，"夕阳牛背无人卧"，在主人的吆喝声和皮鞭声中缓缓归家。这是我所见的勐海养牛最多的一个地方，而且大部分人家都养，多则十头八头，少则一两头。有的家还养羊，养蜂则几乎家家户户。哈尼族在勐海是一个相对比较勤劳能干的民族，养牛养羊，种谷种菜，织布织篾，除完全自给自足以外，还想方设法开拓一切可以创收的门路。

下山路上，随着海拔的降低和山峰的飞逝，回头望去，日暮苍山远，落日余晖洒在蚌囡、南潘河那边一座座远山的山顶。山顶的曲线圆润而舒缓有致，像极了一位娇美娴静的睡美人酣睡在这茶香弥漫的大自然里。不知这美好的景致有多少茶友发现，若没有，你可以在一个阳光明媚的日子，带上相机，带上美好的心情，去一睹她的芳姿。

抽着烟锅、摘着茶

第二节
保塘，勐宋茶王在这里

保塘以前属于坝檬村，坝檬并给蚌龙以后，又属于蚌龙村，有保塘中寨、汉寨、旧寨之分。而其实中寨和汉寨是连在一起的，本就是一个寨子，有 100 多户人家，少见的以汉族为主。在西双版纳，汉族反而成了"少数民族"，有个汉族寨子是很稀奇的事。保塘旧寨全是拉祜族，仅有 20 多户、100 多人，居于略高处的茶山脚下，但也仅隔一条大路。

无论老寨、新寨还是旧寨，茶树都在一起共生共荣。这里，还有村民们称为中树的茶，并且他们清楚地记得这是 1982—1983 年种栽的。保塘的古树茶可以说是勐宋的代表，基本上，树龄最大、最粗、最古老的茶树都在保塘。保塘古树茶不仅规模连片，且植被极好。在这莽莽群山中，呼吸着沁人心脾的清风，听着此起彼伏的蝉鸣，还有什么烦心事可以挂在眉间心上？

我们在老寨一户易姓汉族村民家落脚。他们家是寨子里的茶叶大户，每年除了自己家的茶，还兼收其他家的鲜叶来加工。他已经在筹划盖一个更大的初制所，扩大产能。主人家杀了自养土鸡招待我们，饭桌上，几乎都是肉，看不到绿色，蔬菜仅有便捷的水发豌豆和大棚种出来的蘑菇。比起茶叶的收入，他们已经没时间，也懒得去种蔬菜，都是到村口的小卖部去买，小卖部又去县城进货。茶叶以外，村民们保留的，是山洼里的几亩水稻，大米自给。

虽然是汉族，但他们也已经记不清搬来这里多少代。易家几兄弟都算是村子里比较能干的，茶叶生意做得远较其他村民大，也有自己的初制所。主人请来帮忙杀鸡做饭的拉祜族朋友扎儿，是保塘旧寨的，显得朴实而憨厚。我试图跟他有更多的交流，他话语却不多。倒是主人家的小女孩毫不怯生，跳出跳进，一会儿腻一下爸爸，一

下山的三轮车卷起漫天黄灰，来朝拜茶王的人越来越多，村民们对镜头已经不再陌生

体验采茶的北方姑娘

会儿腻一下奶奶，她妈妈一大早就上山采茶去了。小女孩 6 岁，笑容甜美，天真无邪，毫无世俗防备之心。她在乡里上幼儿园，住校。星期天，爸爸用摩托把她送去，星期五再去接回来。这么小的小孩，生活完全可以自理，这就是农村孩子的独立生活能力。80 岁高龄的奶奶则一直静悄悄地坐在院子里面挑拣茶叶黄片。老人家身体硬朗，步履稳健，毫无弓腰驼背之态。挑黄片、晒茶、收茶这些不重的活计都可以承担，家人放心出门，不用担心刮风下雨茶叶没人管。

保塘旧寨才 20 多户人家，我们去到寨子的时候，正是中午，家家户户都下地去了。要看茶王，得穿过旧寨中间窄窄的水泥路，把车停在寨子尽头、山路脚下，再走路上山。这一段完全是土路，因为水泥路不可能直接修到茶王树下，这里游客还没有多到像贺开那样有修一条步道的必要，因此，被下山的摩托车或者三轮车带一鼻子灰也是常有的事。保塘茶王，可说是勐宋古茶的代表，被称为"西保 8 号"，也就

在茶山，七八十岁还在采茶的老人比比皆是

是西双版纳古茶树保护之第八号。因为不如南糯山交通方便，不如老班章出名，来朝拜茶王的人相对少些，但这几年也渐渐多了起来。四周专门加了竹篱笆，村民们吸取了南糯山茶王的教训，没用铁丝网。此处海拔1900米，茶王树高9.2米，树冠直径7.7米，基围2.1米，树龄则各有说法，估计不少于八百年，上千年也未为可知。

因为优质的茶叶，因为上好的植被，这里吸引着更多人的足迹和目光。投资初制所，或进村收茶、制茶的人越来越多。寨子里最大的初制所，投资规模不下百万，别的要么跟外来的茶商、茶厂合作共建，要么自建。家家都是初制所，户户都是制茶人。

勐宋茶王——"西保八号"

第三节 蚌冈，在云端行走

蚌冈，云上茶园

在西双版纳，因为湿热的环境和丰厚的植被，云海美景比比皆是。最著名的首推巴达云海，除此以外，易武云海和象明云海，尤其是孔明山云海，也是诸多爱茶人经常拍摄并多有宣传报道的美景，而蚌冈的云海却少有人提及。若到了勐海，想看云海而又不想跋涉太远，那么，蚌冈是最好的选择。

蚌冈位于去那卡的半路上，因为那卡茶名气太大，所以很多人都是直接奔着那卡而去，很少在蚌冈驻足停留。蚌冈茶不太出名，而云海却算得一绝。蚌冈的云海很奇特，不进入蚌冈范围，看不到，从进入蚌冈地界开始，雾气就开始升腾。抬头看上去，满山的云团、云块如一支庞大的军队，顺着沟谷或山腰整齐有序地缓缓推进。推进得快的有如一支奇袭的单兵部队或先锋队，昂首挺胸，自顾往前。中段，则如大部队滚滚而来，人员麇集攒动，武器辎重风积雷响。掉队的少部分云块雾团则挂在尾巴处，直至脱离队伍消散不见。

顺着山路蜿蜒而上，山脚看来高高在上的云海慢慢把人车全部包围，裹挟着青山红土的气息和草木的芬芳，那雾气铺天盖地地扑面而来，湿漉漉、清冷冷，浸入并扩张着身体的每个毛孔。那种舒张和通透感超越了所有的意念表达。

如果上山的过程是被漫天大雾和云海云气裹挟包围的过程，那么，到了山顶以后，就是在云端行走了。放眼看下去，刚才氤氲蒸腾的云雾仿佛千顷盐田、万重棉絮，或如茫茫雪域，缠在山腰、戴在山巅。升腾而起的云雾，又和天上的白云连成一片，仿佛天地之间瞬间即可到达，天地之间没了界限，天接云涛连晓雾，是之谓也。

蚌冈的云雾还有一奇，从蚌冈山脚开始弥漫，一路延绵几公里，包裹覆盖了几个寨子。而顺着大路一路向上，那云雾就如通灵有性一样，过了蚌冈最后一个寨子，一下子就没了。这不可谓不是天地之奇功与造化。

蚌冈是个大茶村，辖哈尼6个组，以及蚌冈新寨、蚌冈拉、给养、拾家、凉水箐11个村民小组，以哈尼族、拉祜族为主。从五月份开始，蚌冈的云雾就开始了，而且持续时间之长，也是茶山所仅见，几乎可以持续两个月。每天，蚌冈人总是在大雾弥漫中醒来，看雾气钻窗入屋，穿山过岭，直至太阳出来，把它们统统驱散。傍晚，坐在屋顶，抽着烟锅，又看太阳慢慢从山顶滑落山下。

今天刚好是六一儿童节，在蚌冈，孩子们的快乐很简单，也很纯粹。在这里，孩子们不孤独，小伙伴们总是成群结队，你追我赶。一个破烂的足球，就足以让他们玩上一天，高兴一天

蚌冈人的生活幸福而充实，面对一屋顶的谷子、茶叶，卷上一锅草烟，倒上一杯小酒，一天的日子就这样悠悠闲闲地过去了

那卡古茶园

第四节 那山，那茶，那卡

在勐宋所有的寨子里面，那卡绝对是一枝独秀，也成名最早。因而，其价格也不菲。然而即使不菲，春茶时节的那卡依然人来车往，而这些刚摆脱了贫穷落后的拉祜族原住民，一下子还不适应现代化的商业氛围，都纷纷选择了与外界的汉族合作，要么共建初制所，要么共同开发市场和客户，或者与大厂签约，直接把鲜叶卖给他们，免得还得自己炒茶、找客户。

那卡茶之所以闻名，一是因为其香高味浓，二是这里出产的竹筒茶声名远播。茶叶香高味浓，自然跟此间的水土有莫大关系。竹筒茶在清代就闻名遐迩，每年都要上贡"车里宣慰使"，也即上贡给傣王（傣王即土司，土司是民族称谓，归顺以后在朝廷的称谓为宣慰使）。据历史记载，缅甸国王也曾指定那卡竹筒茶为贡茶。新中国成立后，在原勐海茶厂老厂长唐庆阳的挖掘和宣扬下，竹筒茶再次扬名茶界。

那卡属于勐宋乡大曼吕村委会，约有 120 户人家。古茶树面积村里没有具体的数据，大体是按一定的密度估计出来的，大约有千亩。这些古茶树大都环绕生长在寨子周围，稍近一点的地方，古茶树与石头共生，"古树老连石"即此境也。爬上山去，就是一望无际的茶山、茶林，参天的古木直入云霄。"木秀于林，风必摧之"，茶林里满是倒地的大树和枯朽的树桩，亦可见此间植被之厚和海拔之高。在茶林里行走，不时还会碰到三五成群的小冬瓜猪在林间觅食，这些俗称西双版纳小耳朵猪的小东西，最大者不过六七十公斤，养上三五年也还是小小一只。这毫无疑问是天养之物，若碰上年节，或招待尊贵的客人，才可以品尝到它鲜美天然的味道。

近几年来，虽然各个茶区都开始制作竹筒茶，但那卡的竹筒茶依然是最受推崇和青睐的。一是因为那卡茶香高味浓，二是因为那卡的竹子属于薄皮甜竹。二者的完美结合，造就了那卡茶竹筒茶今日的声誉和身价。然而，随着需求的增加，那卡的薄皮甜竹越来越少，制作竹筒茶所用的竹子不再那么易得，而拉祜族是一个靠天吃天的民族，也或许是茶叶的高收入让他们无暇也懒得再去种竹子。寨子没竹子时，他

笔直的山坡，拾柴归来的拉祜族妇女，穿着拖鞋如履平地

勐龙章，采茶归来的村民

们自然就去到山后的自然保护区或森林里面去砍伐。这也许是中国式发展的悖论，商业的进步往往伴随着某种生态链的破坏与倒退。

去往那卡，或者从那卡回来的半路上，还有个拉祜族寨子，叫勐龙章。这是个仅有30户人家的小寨子，比起大名鼎鼎、似乎一夜之间富起来的那卡，这里就贫穷得多，不但满村寨笼罩着浓浓的牛羊粪臭，建筑也是传统的干栏式。近一两年，得益于古树茶之风和地理位置之便利，寻古问茶之人，大都是见村就进，一脚油门，方向盘一转，就来到了勐龙章。因而，勐龙章也迅速为外界所知晓，茶价一路上升。虽然这里仅有百余亩古茶树，已经有人在这里建起了崭新的初制所。村民们只需把鲜叶采摘交来即可领钱回家，后期制作并不是他们的长项。加工不好，再好的茶叶立马变得一文不值。

第五节　南本老寨，修竹满村茶满山

南本老寨隶属勐宋乡三迈村委会。三迈村下辖 19 个村民小组，是勐宋乡较大的一个村委会，背靠西双版纳最高峰滑竹梁子，前临勐海最大最长的河流——流沙河，勐海县老发电站厂就在这里。

三迈很多寨子都有古树茶，但最具标杆意义的是南本老寨。一是三迈的古树茶基本都在这里；二是这里的古树茶是最粗最大的；三是这里是三迈如今最炙手可热的地方，也是经济比较发达的地方。虽然高居于山顶之上，路陡坑深，依然挡不住滚滚的车流和人流。连南本的村民都无奈。古树茶出名的地方，路都好不到哪里去，比如最典型的代表——老班章。南本的路也好不到哪里去，若是碰到阴雨天或湿滑路况，上山也不是件容易的事。当然，这是以前的事了。这些年，随着古树茶行情的一路高涨，以及国家扶贫工作的落实，泥滑路烂已经成为"过去式"。

去南本老寨，最直接也最快的路是走勐海到景洪的老路，半个多小时就到三迈。从三迈到南本老寨的路就没那么容易了，弯弯曲曲，坑坑洼洼，蜿蜒直上得有个把小时。

南本老寨是个拉祜族和汉族混居的寨子，有 70 多户人家。这里的汉族算是来得比较早的。在西双版纳，作为外来民族，汉族一般很少拥有古树茶，但在南本、保塘是例外。据村民们大体估计，南本老寨古树茶平均每家有三四百棵，最多的有 2000 多棵，若以面积估算下来，约有几百甚至上千亩。这里的古树茶因为出名较晚，生态植被保护得比较好，茶园里野草灌木丛生，周围重峦叠嶂，荫翳蔽日，为古树茶提供了天然的庇护和养分。因而这里的古树茶不仅高大粗壮居于三迈之首，就茶气、茶味来说也是三迈之最。

云南茶叶特殊品种——紫娟

这是一个一望而知很发达的寨子，大部分人家都有一整栋崭新漂亮的楼房，还带着初制所的功能。因为有汉族人的参与，这里商业渗入较早，初制技术也很好。但勐海一家大茶厂在这里投资修建了一座颇具规模的初制厂后，村民们就不再自行炒制，改为直接卖鲜叶，除非是自己有客户在外或者古树茶比较多的人家。

南本老寨是我所见到的大龙竹最多最密集的寨子，房前屋后、山前山后到处都是，而且都非常之粗大。在茶叶无人问津的年代，很多村民们就是靠这些竹子，织一些箩筐背篓供给茶厂或私人，或种甜竹卖竹笋来弥补生活之需。沿路已经不多的甘蔗也是村民们以前的经济支柱之一，如今，一斤古树茶的价格远超过一吨甘蔗的价格，甘蔗已经成为可有可无甚至砍除的对象。

在去往南本老寨的路上，位于平坡寨和巴么寨之间，有一片极具规模、也极具观赏性，完全按照现代生态茶园规范种植的紫娟茶园。茶树丛如一条条紫练缠绕山间，从坡脚一直缠绕至山顶，明显区别于寻常所见的茶园。这是前几年外地茶商在这里承包土地种植，已经进入采摘期。紫娟因为富含具有保健功效的花青素而受到市场的青睐和追捧，也吸引着外来资本的进入。这种基于源头的投入，值得肯定。

第六节　大安，有茶即安

大安是个村委会，辖有上大安（2个组）、下大安（4个组）、曼西龙傣、曼西龙拉、曼西良共9个村民小组，340多户，近1500人。大安有茶园将近7000亩，古树茶、新茶园茶平分秋色，大山里面，还有荒山茶。

从民居可以看出来，下大安是个有着悠久历史的布朗族寨子。很多房屋还保持着浓郁的民族风格和干栏式结构。吊脚楼的一楼，家家户户都养着猪牛羊，整个村子都弥漫着一股浓浓的粪臭味。我们去的时候是正午，村民们都下地去了。茶叶收入似乎不是最重要也不是唯一的经济来源，因为靠近洼地，水稻收入是其重要经济来源之一。而在村小组办公的地方，一块悬挂的奖状表明，该村曾荣获"甘蔗种植先进村"称号，可见，甘蔗是村民们另一不小的经济来源。

寨子高接云天，保留了布朗族原汁原味的建筑风格

收甘蔗的茶农

上下大安相连，上大安在下大安之上。但上大安则完全是另一番景象。不但民居清一色都是钢筋混凝土结构的新式楼房，且村民大部分是汉族，富裕程度远远超过下大安。两村的古茶树都在村子背后，连片一直上接到上面的曼西龙、曼西良。上大安村口，已经有两三家茶叶初制所，还成立了合作社。初制所和合作社把上下大安的茶叶收购回来自己加工，再把干毛茶卖出去。合作社里，挂着负责人参加"勐海茶王节"得来的炒茶大赛银手奖和斗茶大赛的银奖、铜奖。这里的商业氛围已经颇为浓厚。

这里，汉族文化和商业意识对少数民族的渗透和影响似乎不是很明显，少数民族依然原始而淳朴，而汉族则远远地跑到前面去了。"粮安天下"是句颠扑不破的真理，这是站在更广阔的高度。而在以茶为根基的勐海，有茶即有一切，有茶就可以换来其他任何物资。茶，是安家立命的根本，有了茶，即可安居乐业。

沿上大安往上行有半个多小时，就到了曼西良水库。水库往左，下行五六公里，就是曼西龙；往右，是去往曼西良。

第七节
曼西良，水清鱼读月，山静鸟谈天

如大多的茶山寨子一样，曼西良有着丰厚的森林植被，有着连片的茶园，这是西双版纳茶山的一贯美景。但，寻常一样窗前月，才有梅花便不同。多了个高山湖泊，多了个水库，曼西良，就变得鲜活而立体起来。

"我心素已闲，清川澹如此。请留磐石上，垂钓将已矣。"在曼西良水库，这是个很容易实现的理想。湖水清澈见底，微风吹来，波光潋滟。四围群山的投影，把一汪湖水染得绿意盎然，春水碧于天。湖里，有鱼。也许，在晚上，它们会浮出水面，真来读读满天幽蓝的月色，赏赏满地凉薄的清霜。但，白天，是不可能的。即使藏在深山老林里，水库周围依然有太多的"姜太公"。只是，钓法不同，钓钩不同，钓的目标不同。姜太公是钓鱼而目标不在鱼，而现世的人则是，或钓够了名和利志得意满之后，或钓不到名和利心灰意懒之后，来这里来钓鱼。或者，来此钓人亦钓鱼，

曼西良水库，春水碧于天

曼西良古茶园里面芭蕉扇一样的古茶树

人和鱼兼得，只是，形式上，拙劣了许多。有的人，在湖边支个桌，桌上架把伞，满桌的美食美酒，一幅潇洒至极的样子。而不远处，有位仁兄，支个躺椅，鼾声大作，睡倒在这大自然里。在这大山里美美睡上一觉，倒是我想干的事，至于睡得着睡不着，那倒是其次。垂钓将已矣，只能想想罢了。

沿水库上溯而行，不远处，即是曼西良古茶树最多的地方。再往上的最高处，就是村民们口中鼎鼎大名的电视塔，海拔 2000 米左右。一句其实经不起学术推敲的"山高云雾出好茶"，逗引着爱茶人、寻茶人往海拔高的茶山、茶地跑，这里也就成了众多茶人追逐的地方。这里虽然产茶量不多，虽然山高路远，依然往来者云集。我们满山地访古茶，拍古树。而不知名的鸟儿也没闲着，咕咕咯咯、叽叽喳喳，叫声此起彼伏，像是在举行一场盛大的森林音乐会。隐身于幽暗阴凉处的无数知了，像极了啦啦队，"知了…… 知了……"的鼎力助阵，一浪高过一浪。

曼西良是个拉祜族寨子，住着 50 户人家、250 多人。因为来到这里的人最近几年才渐渐多起来，他们并没有想象中那么快速富起来，大多数人家依然一眼能看清楚整个家底。倒是村落周围大大小小的四五家初制所，彰显着这里的茶叶价格涨势和商人们灵敏的嗅觉。不像很多全然靠茶吃饭、靠茶富起来的村寨，这里很少有闲逛或聚集闲聊的人，除了茶，他们还种地。我们到来的时候，大部分村民都下田干活去了。偶尔遇到留在寨子里的几个人，我们试图与之交流，但由于长期的原始落后，他们还没有过渡到能像老班章、南糯山等名山的茶农一样的主动和积极，显得迷茫而木讷，不知所措，不知如何应答；也不像其他寨子村民一样的热情，只是迷茫地看着你，寥寥几语就没了下文。

曼西良，是那样美。虽然原始，虽然落后，但这里，还有净土在。

古茶园里玩耍的小朋友

第八节
曼西龙，两个民族的变迁与认同

曼西龙整体上是一个村，但分为两个相邻不远的寨子，名称上一个叫曼西龙拉，顾名思义是拉祜族寨子；而另一个叫曼西龙傣的寨子，若想当然地以为是傣族寨，那就错了。在西双版纳，确实有寨子同名而在后面冠以民族名称以区别的。当听到曼西龙傣这个名字时，基于对西双版纳民族史的粗略了解，我打了一个问号。因为一直以来，傣族都是西双版纳的贵族。封建社会，他们是土司、宣慰史的世袭者和这片领土的统治者，通常住在交通方便且物产丰富的坝子里。而其他民族是被统治者，是没有资格占有这些优势资源的，他们只能僻居于高山老林，靠山吃山，刀耕火种，种植廉价的茶叶、甘蔗等去坝子里换取昂贵的盐巴。所以，如今，坝子里的傣族都很少拥有古树茶，而拉祜族、布朗族、哈尼族等民族因祸得福，几乎家家户户都有已经成为摇钱树的古茶树。

十年前的曼西龙寨子

如此分析，这个叫作曼西龙傣的寨子肯定不可能是傣族寨——没有例外。带着这样的疑问，我们在一个大雾弥漫的下午，来到了这个安静祥和的小村庄。正是10月份，秋茶已接近尾声。村民们大多在寨子里或悠闲地游荡，或高坐在楼上拣剔着最后一拨茶叶。我们在村口小卖部旁边刚停下车，主人就热情地招呼我们落座。一张宽敞的大茶桌置于屋子中央，杯子透亮整洁、摆放有致，一看就是个精明能干的人家。一问一聊，还是村委会副主任。不出所料，这是个布朗族寨，从一进村子看到他们的民居开始，到村民们穿着的服装，再到招呼我们喝茶的副主任的名字—岩坎恩，我已确定。这是在西双版纳的一个基本常识：住在高山上、有干栏式民居、有缅寺，就必然是布朗族。但有个疑惑，没见缅寺。

布朗族是一个受傣族影响很深的民族。无论建筑，还是宗教信仰以至名字，都烙着深深的傣族烙印。曼西龙傣更为奇

烟锁雾笼曼西龙

特的是，村民称自己为布朗傣，这是少有的现象，也是寨名之由来。据岩坎恩解释，因为他们已经完全傣化，寨子里，除上了年纪的老人会讲布朗语以外，年轻人基本都已不会讲。本来，布朗族都讲自己的语言，也人人都会讲自古以来西双版纳的官方语言——傣语，在布朗族集聚的布朗山乡尤其如此。但这里，已经完全傣化，所以叫作布朗傣。而我们寻觅不见的缅寺，原来是在寨子下边的角落里。因为茶叶升值，缅寺已无人值守，和尚都还俗回家做茶、卖茶去了，这也是在其它布朗族寨子很少见的现象。

曼西龙傣的民居很密集，车子进到寨子里，根本没调头的地方，只能倒着出来。因为密集，这里曾经发生过一场大火，再加上贫穷年代住的都是茅草房，更助长了火势。这场大火，把以前本来聚居在一起的拉祜族和布朗族分开了，也就有了现在的曼西龙拉和曼西龙傣两个寨子。

曼西龙傣有 40 户人家，他们是从大曼吕迁来，而曼西龙拉则是从蚌冈搬来。起初，曼西龙拉的村民和现在的曼西龙傣的村民住在一个寨子，大火之后，他们搬到了如今的寨子，有 34 户人家。曼西龙拉是个与曼西龙傣完全不一样的寨子，不但民居分散而独立，经济也落后了许多。两个寨子都有大片大片的新式茶园，上千亩有余。古树茶则相对稀少一些，两寨连起来估计有四五百亩。

我曾经反复跟外省的朋友说过，云南普洱茶，不管是古树茶还是新式茶园茶，都极其生态环保。一是因为有得天独厚的热带雨林滋养；二是少数民族都相对闲散、随遇而安，基本靠天吃天，什么农药化肥的事他们根本想都不会去想，尤其是拉祜族。我们去的时候是大中午，这时候秋茶已经摘完，村民们要么聚在一起聊天喝酒，要么到山上找野味去了。带领我们去看古茶园的一位拉祜族同胞，远远跟在他身后都能闻到一股浓浓的酒味。半路上，更是遇到一位喝得东倒西歪的村民直撞上来。在一户人家的木楼上，一堆人聚在一起喝酒划拳，热闹喧哗。

我对拉祜族同胞没有偏见，这是他们独特的生活方式和民族习性。这也只是少数偏远山区，刚刚从赤贫中解脱出来的拉祜族同胞的一种常习。他们中一样有勤劳吃苦能干者，也有已经进入现代文明的佼佼者。我只是想说明，这里，有很多人不曾到过、不曾体验过的方外世界，有上天对少数民族的格外眷顾，所以就有了得天独厚、独一无二的普洱茶。

卖鲜叶的拉祜族老人

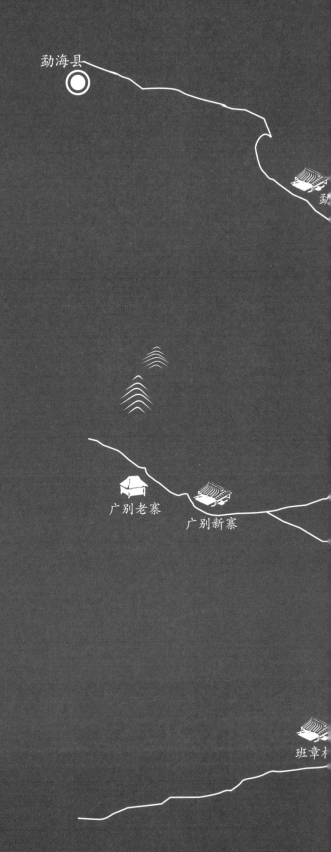

勐海县

勐

广别老寨

广别新寨

班章

贺开

茶山风景线，网红打卡地

格朗和

贺开古茶园

曼迈

曼弄

曼竜老寨

曼囡老寨

班盆老寨

班盆新寨

贺开：茶山风景线，网红打卡地

还是得拿老班章做比较。老班章没有成名之前，布朗山一线的贺开是绝对的主角，很多人都会专程去朝拜贺开，去看贺开曼弄老寨那成片的古茶园，去看西保四号。老班章的路修好以后，老班章越来越方便，贺开沦为配角，成了过路站，因为要去老班章，很多人才知道了贺开。或者，很多茶友，对于普洱茶，对古树茶、山头茶也没有痴迷到那份上，只是为了见见古茶树、古茶园长啥样，那也没必要非得去老班章，当然就近选择贺开。

实际上，贺开不应该仅仅是配角。无论从茶树的粗壮程度，还是茶的口感滋味来说，贺开都应占有一席之地。从地理位置上看，贺开与班章在一条山梁上，口感上也被很多茶友归为布朗系，但在行政上则隶属勐混镇。贺开东边是帕沙，南边是布朗山，有着除南糯山以外最集中连片的古茶园。面积上保守的数据是 7000 多亩，这应该主要是针对曼弄、曼迈这一片而言，如果连上班盆、广别、曼囡等几个寨子，则达上万亩。这些古茶树绵延分布在贺开村委会 10 多个村寨，其中班盆老寨、广别老寨是其中知名度最高，也最具特色的寨子。贺开的村民基本都是拉祜族，常年跑茶山的人都知道，拉祜族村寨历来都是生态环境最好的。

第一节
曼弄、曼迈，贺开的风景线

毫无疑问，曼弄、曼迈是贺开古树茶的代表。因为一直处在交通要道，贺开的知名度是老班章带起来的。虽然贺开本身就实力强劲，自成一家。但无可否认，很多人是冲着老班章而去，路过贺开然后顺便知道贺开的。当然，对于很多铁杆茶友来说，贺开其实很早就已经盛名在外，已经有很多的书籍和文章早早就在宣传贺开。我们因为植根西双版纳，业在勐海，每年都会带很多茶友走茶山。如前文所述，他们很多人之前都没来过茶山，也不一定非得要去朝拜老班章。他们只见过一丘丘一丛丛的茶园茶，不知道古树茶长什么样子，那么，离县城最近、交通最方便的南糯山、贺开都是最好的选择。

贺开古茶园每年来来往往着世界各地的茶友

曼迈老寨古茶树

贺开的古茶树、古茶园，作为勐海古树茶园的代表，接待了不知多少名流大腕。有必要时，还可以把村民们组织起来，穿上拉祜族传统服装，散落在古茶园里古茶树上，拍上一组组人茶共生共存的照片。为了适应观光客们到此一游的目的，茶园中间还特此开辟了一条青砖小道，脚不沾泥就可以畅览古茶园。在青砖小路的尽头，还特意搭建了一个高高的观景台，上到顶端，可以把整个勐混坝子尽收眼底，还可以看到白云青霭中的景洪坝子。每年春茶时节，来自世界各地的茶人茶友、网红主播们，朋友圈基本都少不了与贺开古茶树的合影。

贺开的古茶树，主要集中在曼弄、曼迈两个寨子。曼弄古树茶分布在观景台所在的茶园以及寨子周围。在曼弄老寨方圆几公里以至十几公里，都是森林包裹着古茶园。路两边，鳞次栉比的初制所兼民居，从最初低矮潮湿的木楞房、竹片房，到中期的干栏式吊脚楼，再到如今的豪华乡村别墅，也就二三十年的光景。三十年来坐对山，一棵古树换人间。贺开往右，穿过寨子往上，都是曼弄老寨所属茶园，一直连接到班盆。曼弄因交通之便，外来投资建厂、建初制所的占了很大比重。也因为外来人口的参与、宣传、推广，曼弄茶叶似乎也不缺销路，年年热度不减。

寨子左边往上，则是贺开另外一个大茶村曼迈。相比曼弄，曼迈就冷清不少，虽然从岔路口上来也就一二十分钟的路程。曼迈古树茶也非常具有观赏性，非常粗壮，环绕在寨子周围，开门青山，入眼茶园。从村寨的建筑和门前停放的车辆也可以看出来，这里明显没有曼弄发展得快，村民也不像曼弄村民那样应付裕如。

时在中午，烈日当头，漫山都是各种蝉虫鸣叫。我们随意走进一户人家外设于户外的小茶亭，里面泡茶用具一应俱全，主人家寻不见、喊不应。坐对青山，我们自己动手烧水泡茶。茶喝到一半，主人家回来了，我们赶紧致歉，她和善地笑说没事，回到屋里端出一小竹盘茶样递过来："这个是古树。"然后就折回去摊晾茶青去了，不给你介绍，不给你推销。恰恰是这种无心，或曰"木讷"，倒让人不好意思起来，多多少少会买走一些茶。

清代篆刻家钱瘦铁有一方印章——青山在馆，我想，每年来这个小亭子泡茶的人应该不在少数，想必都是冲着这一幕天然画卷而来，驻足休憩。在清风拂面中，看四围青山入馆而来，而此馆亦在青山掩映中才有了此等意趣与画境。

青山在馆

班盆老寨寨门

第二节
班盆，离老班章最近的邻居

如果有感情，班盆应该是所有名山头里面最愤愤不平的一个。明明紧挨着老班章，甚至有些地块都是相连的，而知名度和价格，却难望其项背。来过茶山的人，因为去老班章，所以才顺便知道了班盆。而没来过茶山的，只要喜欢喝点普洱，都会知道老班章。送茶礼的人，尤其送重要人物，大部分都会选冰岛、昔归、老班章茶。常收礼的人，也自然收了一堆各种真真假假的老班章。老班章，成了古树茶里顶级的代表（虽然很多人并不见得都喜欢或者认可老班章）。而班盆，也许因为当年一个偶然的行政划分，被分在勐混，分在贺开，风口来临，与老班章转瞬即成霄壤之别。

班盆有新寨、老寨之分，村民都是拉祜族。在 20 个世纪那场愚昧的"高改低"矮化运动中，拉祜族因为其天生闲散放任的性格，政策基本都没有执行，所以拉祜族寨子的古树都得以完好地保存了下来，班盆也不例外。粗大的古茶树满山满寨，在去往老班章的路边就可以看到。当老班章热起来以后，因为承包老班章的成本过高，很多人退而求其次转身来承包甚至买断隔壁的班盆古茶树。班盆因为民族习性使然，或者因为一直穷惯了，忽然有人给一大笔钱，欣欣然就把古树茶地承包或者卖了出去。

我反复提到一个现象：因为当年支边的原因，在勐海，几乎村村寨寨都有湖南人，村村寨寨的小卖部几乎都是湖南人所开。他们最早来到寨子，因为善于经营且眼界比较开阔，很容易赢得少数民族姑娘的喜欢，所以大部分都娶了本寨的姑娘，变成了本地人。茶叶火热起来以后，他们又抓住先机，不仅最先收购原料，还最先盖起了初制所，最先承包买断茶地。班盆也一样，且不在少数。我们在很多寨子看到很多湖南人，不仅完全成了本寨人，成了家庭的主力，甚至从外貌上都已经同化成了少数民族的样子，不特别介绍几乎看不出。有语言天赋的，还会讲本寨子的布朗语、哈尼语，或者拉祜语，最不济的也都学会了云南方言。

除了湖南人，茶山外地人本地化最多的就是四川人。四川人吃苦耐劳是出了名的，毫不夸张地说，中国的每个角落都有四川人。在茶山的四川人有两种情况：一种是作为货郎走村串寨留下来的；还有就是搞建筑，给茶山人民盖房子看到商机而留了下来。在班盆新寨，我们遇到一户四川人，父辈因为给拉祜族盖房子，村民没钱给就兑换成了茶地，他再把别处赚到的钱又买了更多的茶地，前后凡十余年，他已经坐拥两百多亩茶地，而且是古树茶。然后，儿子因为早早辍学也跟着做茶，又娶了寨子里的姑娘，两代人都变成了本地人，盖起了漂亮的大房子，拥有两百多亩的"摇钱树"。这华华丽丽的转身，不知羡煞多少依然还在漂泊闯荡的老乡。

班盆有新老寨，老寨就在去往老班章的路边，有140多户人家，光初制所就有七八十家，占了民居一半左右。几乎家家都是初制所，规模有大有小，鳞次栉比地分布在寨子中间那条穿寨而过的大路两边。大的初制所都是做得比较好、比较大的外地品牌或大毛料商所建。新寨有40多户人家，离老寨大概一二十分钟车程，坐落在另一个山头，环境清静优美，比路边的老寨清静了不少，但相对生意也不如老寨那么热闹红火。

第三节 广别老寨，妖茶为谁而妖

长久以来，广别老寨如隔世的隐者，默默生长于名山环伺的布朗山与贺开的夹缝中，寂寂无名，不以无人而不芳。不知哪年哪月，不知哪位天才茶友或者茶商发现了它独特的魅力，赋予其一个魅幻且蛊惑的名字——妖茶。广别老寨从此名声大噪，被一些圈子推崇备至，奉若神明。

我不知道这位命名者是一种怎样的体验，也没有比较过别人对于妖茶的定义或者感知。从我个人的品饮体验来说，广别老寨的茶虽属布朗山系，其口感却与布朗山系的茶有着很大区别。布朗山系的茶口感普遍偏重，偏酽，甚至偏苦；香气幽香馥郁，内敛而不张扬。而广别老寨的茶则味浓而厚，但没有布朗山的茶那么重苦，香气则是馥郁中带着高香和奔放。如果拿东坡居士"从来佳茗似佳人"作比，布朗系的茶属于厚重内敛甚至偏爷们那种佳人，能欣赏的都是非常之人，有大气场之人。广别老寨的茶则属于大家闺秀里面那种厚重而不失庄重，有内涵、有素养，却毫不掩藏自己的个性，张扬外露一座皆惊的佳人，人见人爱，花见花开。所以，妖茶之妖，不是真妖，她只是在众多的佳人中，豪迈奔放一些而已。她不出山则已，一出山就艳压群芳，独领风骚。

以前，去老班章的路，贺开还没开通，南很果然很难走，很多人都选择走广别老寨至勐邦水库一线。我在十多年前走过两次，被路边粗大的古茶树和参天的大树惊艳过。如今，交通好了以后，广别老寨被路过的概率已经很小，除非专程奔着妖茶而去。

倏忽十几年，以前低矮逼仄的瓦楞房、茅草房早就不见了踪影，老寨只剩下一些依稀的断壁残垣，伴着清风明月，伴着粗大繁茂的古茶树，悄然伫立在新寨子背后的热带雨林里。它们当然不知道，它们已经变成了摇钱树，已经改变了这个村庄百年以来的贫穷历史。

广别老寨是个哈尼族村寨，全村约 80 户人家，300 多口人，以前还种植甘蔗、旱谷。如今茶叶已是最大的收入来源，包括新种的有机茶、生态茶，都已经成为炙手可热的摇钱树。

几年没进广别老寨，最近在朋友圈看到村民们新立了寨门，打上了招牌："中国妖茶第一村"。说实话，我特别不喜欢这种一个小小地方，一个小小场景，动辄冠以"中国""天下"这样的口号。这种大而无用、大而无当的现象在茶山越来越普遍，有钱以后，村民们都大修房屋，大建寨门，恨不得冠上宇宙级别的称号，哪里还有半点民族的遗存、半点文化的踪影？这些年，很多曾经的同行，很多媒体朋友都在感叹：茶山已经没有什么可写的东西，没有了采访的念想和跑山的欲望。我想，跟这种"傻大豪横"的做法不无关系。

广别老寨粗大的古茶树

第四节　别有好茶在曼囡

曼囡很偏，没有路标，远离交通要道，在路边你根本看不到，也不会路过，除非专程而去。如果不是很熟悉茶山的茶人或者本地人，几乎不会知道贺开还有一个曼囡老寨。曼囡隐藏在深山老林，有着绝佳的生态环境，有着粗过很多寨子的古茶树，但能得见其面目、得品其清芳的人不多。

穿过良田千顷的勐混坝子，转入去往贺开、老班章的小路，在即将进入爬山路段的最后一个寨子——曼贺纳转进去，就是去往曼囡的路。曼贺纳是个富裕而闲适的傣族寨子，前依稻田，后靠茶山。很多傣族在茶叶刚刚热起来的档口，近水楼台，先把茶山、茶树或租或换或买，早早就抓在了手里。寨子背后，很大一部分古茶树都为寨子里的傣族所拥有。一湾小溪绕村而过，孕育出一片清浅的水田，再往上，就是茶山。轿车停在寨子最后，要么换成皮卡，要么换成摩托才能上山。崎岖陡峭的山路，揭示着这里的人迹罕至与落后。碰到阴雨天，四驱的皮卡都不一定爬得上去。

曼贺纳傣寨，前拥稻田，背靠茶山

扶贫牛与古茶树

这是一个拉祜族寨子，远较贺开其他寨子落后，因而得到了国家扶贫计划的重点支持。我第一次去，即为沿途所见的古茶树所倾倒，如壶口一般根粗叶茂的古茶树比比皆是，纠葛缠绕的藤木和古茶树上附生的野花野草组成了热带雨林特有的植物生态链，倾斜以至陡峭的山坡上星罗棋布着祖宗留下来的"摇钱树"。带我们参观的傣族村长，一脸骄傲地指着一块又一块的茶地告诉我们哪哪哪都是他的。第二次上山，我们看到了国家发的扶贫牛，一户一头，被集中圈养在一个围栏里面。所谓围栏，也就是临时栽上一些木桩，编上篱笆，拴上竹竿，高过牛膝，让它们跳不出跑不掉就行。这些扶贫牛被集中在一起，每家轮流放牧一天，晚上再赶回来即可。放牧，自然是在周围的林间茶地，牛多草少，时间又短，俨然一群群瘦骨嶙峋的行走的食物。过一年再上山，果然没再见到它们的踪影。

不是做茶的季节，从山上下来，路过曼贺纳寨子，会看到村民们围成一圈圈，没有喧闹，没有呐喊，聚精会神地聚在一起不知干什么。好奇心驱使，有一次我们把车停在路边，走进圈子中心，才知道他们原来是在斗鸡。也才恍然大悟，怎么每次路过寨子，总能看到那么多秃头秃尾、半秃全秃的公鸡昂首挺胸地走在大路上，车来了也毫无怯意并不避让，甚或筋暴脖涨，毛炸尾扬，如堂吉诃德一样无畏地冲着汽车就扑上来。

在西双版纳，如同有很多曼迈一样，曼囡也有很多。比较有名的曼囡是在布朗山，山深路远，以苦茶闻名，前文已有所述。而贺开的曼囡，属于山不深，路不远，但是藏得很深的一个寨子。这里有粗大的古茶树，有着上好的环境，当然也出产上好的古树茶，只是，期盼着更多的知者识者。

南很

曼果

万亩茶山

坝卡囡

新

打洛

老曼峨

结良

曼龙

布朗山乡

曼木

曼囡

帕亮

曼诺

曼班

曼捌

新龙

曼新龙

兴囡

章家三队

勐海县

勐混

贺开

班盆

老班章

大勐龙

小勐宋

布朗山乡

山山出好茶　处处民族风

布朗山乡：山山出好茶，处处民族风

布朗山是西双版纳布朗族最大的聚居地，以布朗族为主体民族，约占80%，其余为哈尼族、拉祜族、汉族、傣族等。布朗族，自称"乌""翁拱""布朗"，历代称"濮满""濮人"等。新中国成立后，统一定名为布朗族。布朗山位于勐海县境南部山区，东与景洪市勐龙镇交界，西北连打洛镇，东北连勐混镇，西南与缅甸接壤，是滇南最为地广人稀的边境民族乡，也是全国唯一以布朗族命名的乡。

布朗山山峦起伏连绵，沟谷纵横交错，最高海拔2082米，最低535米，总面积1016平方公里，占勐海县土地总面积的l/5。有大小河流39条，均属于澜沧江水系。

布朗山乡政府距县城约90公里。辖曼果、结良、班章、曼囡、新龙、章家、勐昂7个行政村、53个自然村。7个村委会中除曼果、章家古树茶较少外，其余5个村委会都有成山成片的古茶树，农作物有旱稻、玉米、甘蔗、香蕉等。

在普洱茶已经成为名茶的今天，布朗山茶以其浓强霸气的特性，成为众多茶友追逐的目标，茶叶已成为布朗山主要的经济来源和支柱。

布朗山少数民族同胞依靠茶叶脱贫致富，很多村收入已经进入了千万行列，而鼎鼎大名的老班章更成为"顶流"代表，全村收入破亿。

到布朗山寻茶，有首诗描写得颇为贴切：

莫言下岭便无难，赚得行人空喜欢。
正入万山圈子里，一山放过一山拦。

布朗山整乡都处在西双版纳布龙州级自然保护区内，保护区如天然绿色屏障，重峦叠翠，一山更比一山高，上万亩的古树茶就生长在这莽莽群山中。

第一节　班章，万千宠爱集一身

老班章已走出国门，闻名世界

相信只要是普洱茶客，没有不知道老班章的。不管你喝不喝老班章，爱不爱老班章，老班章总是永恒的话题。关于老班章的各种信息，也总是充斥在每位茶友的耳畔。比如，一夜之间，勐海某五星级大酒店，某茶农豪唱豪饮一晚上，一掷万金。一夜之间，所有茶友都知道，银行开到老班章去了。某年某月某日，老班章茶王又被某某以几十万承包了。而所有的茶友，来到了勐海，不去一趟老班章，似乎回去就没了谈资，没了底气。似乎不去趟老班章，就不算来了茶山。

老班章，成了一个符号，一种象征。一如佛教徒的朝圣之旅，每年一到春茶季，老班章可谓盛况空前。天天有操着天南地北口音的茶友茶商、挂着五湖四海车牌的豪车在来去老班章的路上络绎不绝、川流不息。春茶季节，似乎天下爱茶的、做茶的，不在老班章，就在去往老班章的路上。

两个视觉看老班章

在云南所有古树茶村寨中，如果要拿一个作为标杆或者典型的话，肯定非老班章莫属。不管是省内还是省外，不管是喝茶的还是卖茶的，不管是媒体还是个人，老班章除了茶王以外也成了话题之王。因为老班章太典型，典型得过于戏剧与传奇，甚至有些畸形。

银行开到一个小自然村，老班章是第一家

摘茶，略近于数钱

视觉一：普洱茶中的华西村。 老班章其实只是个自然村，也就是一个村民小组，约有 140 户人家，全都是傈尼人，属于班章村委会，但似乎已经成为整个西双版纳的招牌。一是因为价格，虽然在西双版纳以至其他茶区，比老班章价高的还有不少寨子，但其他寨子是因为量少，物以稀为贵。而老班章，则说多不多说少不少，以一年几十上百吨的产量而依然能价格破万，且屹立多年不倒，堪称奇迹。二是因为变化，老班章变化之快，发展之快，令人咋舌。当年华西村起步之初，估计也没这发展势头。

老班章的茶，枝枝叶叶都是钱，每片叶子都可以换算成人民币。摘茶，略近于数钱。据大概统计——老班章一个寨子的收入已经过两亿元，是云南仅有的亿元村，堪称"普洱茶中的华西村！"

至少十年前，老班章的民居还是具有傻尼风格的干栏式木楼。如今，没有一家没有新式楼房。因为茶树就是"摇钱树"，一个春茶季能有少则百万多则千万的"金叶子"收入。所以，老班章人在盖房子上的投入堪称豪奢，百万只是起步。甚至，有的人家新房子盖好没几年，感觉不喜欢，或者觉得不够档次了，更有甚者是为了要超过别人，没事，推倒重来。反正，"金叶子"年年发，采之不尽，摘之不绝。

十年前，在一户茶农家阳台上看老班章

老班章一户人家的豪宅

而轿车、越野车这些十年以前不敢奢望的东西，如今，不仅家家户户有，且不止一辆。以前，老班章人看到客人的豪车开上来，总会感叹与艳羡。如今，是外来的客人自愧弗如。

短短几年间，老班章的发展羡煞多少人。女孩子以嫁到老班章为荣，而多少男人，直想入赘到老班章去！戏言一句：人生富贵何所望？世人尽指老班章。

视觉二：老班章人下山来。勐海县城里的消费之地，不管是娱乐场所，还是饭馆酒店，乃至房地产公司，没有不喜欢老班章人的。因为，他们可以潇洒地一掷千金，甚至包场。虽然，这有点夸张，不是人人都喜欢灯红酒绿的场所，但也有不少人是常客，有的年轻人会待在县城十天半月，或者跑到景洪，直到把手上的钱花光。反正回去，还有茶可摘，还有钱可数。

房地产开发商喜欢他们，是因为他们的购买力使人艳羡，买房一次性付清，有的甚至连买几套。这不是夸张，也得到了村民们的自证，老班章人几乎都在勐海县城买了新房和商铺。他们不再是积贫积弱的边寨百姓，不再是年年扶贫的对象，不再是背去茶叶换盐巴的村民。

老班章的孩子，也不再是浪费家财的累赘。以前，送孩子去乡里读书，都得几番思量；而今，直接送县城来，从读幼儿园开始。只是，成果还没显现，成才与否，还有待时日。

在众多可见的豪掷背后，在许多物欲享受背后，我们也看到，文化性的消费，意识水平的提升，似乎乏善可陈，说小不小的县城，居然没有一家书店，没有一个文化场所。物质文明的脚步已经远远地走到前面去了，精神文明的脑袋还没来得及跟上。

新班章，茶之外，那位传奇老人

靠着大树好乘凉，凭借着老班章的名气和庇护，新班章也迅速崛起。新班章的乔木茶都远远高过了很多地方的古树茶，新班章成了普洱茶中一颗新星。不但茶价一路走高，后来居上，而且吸引着越来越多的茶商、茶厂来投资建厂，甚至重金投入，从茶叶基地开始建设。因为，他们看中的是班章得天独厚的自然地理环境，相信经过长期的投入，可以产出与老班章一样的好茶。

有个有趣的现象：在勐海县城，很多家茶店都在醒目的位置打上"班章 xx 号"字样。很多不熟悉或者外来的茶友很容易被搞迷糊，误以为这就是老班章的村民，卖的是老班章的茶。在山上，从南很老路上去，新班章寨门立的招牌是："班章村，中国普洱茶第一村"，跟老班章的"老班章，中国普洱茶第一村"仅一字之差。进了寨子，

班章村委会设在新班章，所以新班章争这个第一也不是完全没有道理

家家门牌写的也是"班章 xx 号"。这其实就是现实版的蹭流量，碰瓷老班章，而且确实也有不少人真上过当。虽然，严格来说，人家也没打老班章名号啊，是自己眼睛不够明亮，山头文化底子打得不够牢靠啊。至于新老班章村民自己内部是怎么认识怎么解决的，那就属于人民内部矛盾了，不可为外人道也。何况，多少人家还是同宗同族，亲亲戚戚的呢。

恐怕很多人都不知道，新班章和老班章其实都是从班章老寨分出来的，班章老寨原本位于新老班章之间，现已无迹可寻。新班章现有 100 多户人家，跟老班章一样，都是僾尼人。据老人们回忆，新班章是 1972 年搬迁到此地居住的，距今已 50 多年。

十多年前上山采访，曾碰到一位 91 岁的老奶奶争工（僾尼名）。那是位传奇的老人，既命运多舛，又得上天眷顾，在枪林弹雨中身中数弹，却捡回一条命且极其顽强地活了下来。她既见证了旧时代的黑暗，也迎来了新时代天翻地覆的变化。老人虽然已经耄耋高龄，仍然耳不聋眼不花，只是听不懂汉话，问答都需要儿孙们来翻译。她腿脚不太方便，走路需拄个拐杖，因为她腿上残留着一颗子弹！揭下头巾，掀开斑斑白发，头顶上隆起更大的一颗，被头皮包裹，尖异而顽强地存在着！手臂上，还有一颗！这些子弹都被肉包裹起来，已经与身体融为一体，早已感觉不到疼痛。

这是抗日战争留下的烙印。日寇的铁蹄践踏到遥远的西双版纳与缅甸边境。16 岁的争工被国民党抓去做壮丁，给驻扎在缅甸的部队运送物资和弹药。枪林弹雨中，多少人有去无回，多少人看不到第二天的太阳。争工身中数弹，被乡亲们抬了回来。熬了两三天，在所有人都以为没救了的时候，她活了过来。此后，带着这几颗子弹，身体痛楚和精神折磨也伴随一生。疼痛来袭的时候，痛不欲生或许都不足以形容。在那贫穷落后缺医少药的年代，再加之战乱频仍，平民百姓小命贱如蝼蚁，手术取弹是不可能的了，只有去山里面挖些中草药来包扎敷贴，土法泡些药酒涂擦揉按，也还算有效。相比起疼痛来，性命无虞已属万幸。年复一年，在肌肉的成长愈合与子弹的顽固存在的相互较量中，二者连为一体，周围的肌肉僵死硬化，疼痛慢慢减轻，感觉不到以至麻木了。

传奇的阿婆

老人如今儿孙满堂，衣食无忧，生活简朴而无太多奢华的追求。虽然有着抗战的历史印记，但没有得到正式的承认和补偿，每年仅有1000多的老年补贴，但比起如今茶叶的收入，也算不得什么。老人如今享受的，就是每日端个凳子坐在高高的阁楼上，呼吸着满山清风，欣赏着入云的青山翠色，听着四围的鸟叫虫鸣，看着满堂的儿孙，皱纹里，都布满了笑意。

补记：时隔多年，再去新班章，想去看望那位老人，居然找不到了。当年没留电话，也没有问清楚主人家姓名，曾经的木楼已荡然无存。乡村豪宅一栋接一栋，早已不是当年旧模样。老人的名字以及描述无人能识，第二次上山，带上曾经出版的书，翻出书里面老人和家人的照片，总算找到了。一栋高达四五层（具体几层忘了，茶山上盖房子，一般都会留一层堆放杂物，相当于城市里的负一层）阔气奢华的乡村大别墅取代了当年的吊脚楼，老人已经驾鹤西去，人去楼不再，失落而返。

老曼峨，去千年古寨，自讨苦吃

来了老班章，不去趟老曼峨似乎也说不过去。在班章村委会 5 个寨子里，老曼峨是堪与老班章并驾齐驱的大茶村。因为，老曼峨的苦茶是普洱茶界的代表和标杆，很多人去老曼峨，就是冲着这一口苦茶去的。铁杆老茶客，似乎手上没有点老班章老曼峨茶都说不过去。

老曼峨的苦茶，肯定不是苏轼诗句里的佳人，而是玉面长身的君子，是宋玉潘安，是男人的知己，女人的苦口君。试想，在炎炎夏日，在情思委顿的时候，在油腻难

寺庙背后的古树苦茶

解的饭后，一杯苦茶下去，那种通透，那种爽利，那种苦后的甜如涌泉，让肌骨为之一清，情思为之一振。这也是为什么那么多人对老曼峨趋之若鹜，明知其苦也要去自讨苦吃。长得玉树临风、丰神俊美也罢了，还蕴睿涵远、山高水长，这样的君子，哪个不爱？

老曼峨曾经有西双版纳最古老的缅寺，虽然如今已被富丽堂皇的新寺庙取而代之，但也还是值得一往观瞻。从历史文化的角度来看，老曼峨历史之悠久，在整个勐海，乃至整个西双版纳都无出其右者。据老曼峨寨中碑文记载，老曼峨建寨于公元639年，是时正处大唐贞观盛世，距今已有1380多年历史。

布朗族小和尚

前几年金碧辉煌的缅寺

老曼峨是布朗族最古老的聚居地，很多勐海的布朗族都是从这里分散迁徙出去的。据统计，老曼峨现有190多户人家、800多人。曾经，老曼峨是布朗族民族文化的活化石，不管是其村寨建筑，还是曾经的千年古寺，都是其独具一格值得骄傲的历史。但是，如今富起来的老曼峨，已经找不到一户民族风格的干栏式楼房。曾经的千年古寺，几经翻修，焕然一新。曾经得花几个小时去到勐混坝子打油买盐的日子，已经彻底远去。寨子里，还有了专门的农贸市场，蔬菜林林总总，平时每天一头猪都会被瓜分得精光，春茶时节，每天杀四五头也不够卖。

我们去的时候，已是夏茶时节，买茶的外地人都已走光。承蒙主人家盛情，满桌都是肉，而我们更想吃的山毛野菜，已不可求。村民们的衣食来源，完全仰仗茶叶收入。每家都有几十亩上百亩茶地，多的几百亩，他们已经没有时间种菜。在他们看来，种菜纯属浪费时间，比起卖茶的收入，两者完全不具可比性。因而，寨子里的菜都是外面拉进来的，卖菜的人，也都是无茶可吃、可采的坝区人或者外地汉人。

随着收入的增加，茶山无一例外都陷入不断盖房、不断翻新房的浪潮中，老曼峨寨子中间的路，也不断被挤占压缩，寨子里会车是个大难题，只有靠各自的车况与司机的自觉谦让。寨子里的教育状况，也不容乐观。设在寨子里的小学，只到五年级，六年级以后就要去到 20 公里以外的乡里就读，能读到高中的孩子少之又少，能读到大学的，似乎还没有。初中毕业，完成义务教育即回家采茶、做茶、卖茶，是他们最现实也最便捷的致富之道和生存哲学。有老祖宗留下的无尽财富，有古树茶的恩

寺庙里的佛爷说，如今的灰瓦白墙，才是南传上座部佛教佛寺原始的颜色

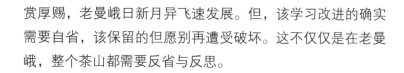

赏厚赐，老曼峨日新月异飞速发展。但，该学习改进的确实需要自省，该保留的但愿别再遭受破坏。这不仅仅是在老曼峨，整个茶山都需要反省与反思。

老曼峨有古树茶 3200 多亩，大小树加起来共有 2 万多亩。年产干毛茶 100 多吨，整个寨子年收入 5000 多万元，平均每家二三十万元，多的达几百万元。因为毗邻缅甸，寨子里有四五户人家的媳妇是从缅甸嫁过来的，与其他边境寨子一样的政策，缅甸媳妇不可以落户，但后代可以。以前，在茶叶不景气的时候，女孩子一心想着出去闯荡，或者嫁出去。现如今都回来了，少数民族不太重男轻女，姑娘回来，一样可以分得茶树，甚至包括已经出嫁的姑娘。

老曼峨还有一大特色，寨子里的湖南人估计是勐海最多的，据大概估算有二三十户。他们当初或开小卖部或做小生意来到这里，然后娶了寨子里的姑娘定居下来。茶叶市场火起来以后，他们因为老乡们的传帮带，一个个相继上山做茶叶，娶媳妇生孩子后安居下来。除了湖南人，四川人、广东人也不在个案。因为一片茶叶，多少外乡人来到这里，从当初的"自讨苦吃"，到如今的甘之如饴。

满载而归

坝卡囡、坝卡龙，不再荒芜的荒坝

在老曼峨和新班章之间有个岔路口，顺着这里下去，就到了班章村委会的另外两个拉祜族寨子——坝卡囡和坝卡龙。

在傣语中，lóng（竜/龙）为大之意，nuǎi（囡）为小之意。龙、囡经常是相对应的，有大就有小，一如有老寨也经常有新寨。坝卡也是傣语，荒坝之意，坝卡囡就是小荒坝，坝卡龙就是大荒坝。坝卡囡、坝卡龙人家都不是很稠密，也就 50 户左右，位于海拔 1600 多米的梁子上。这是相邻不远的两个寨子，坝卡囡在更高的位置，坝卡龙沿路而下，海拔下降几十米。但坝卡囡比坝卡龙更富裕，两个寨子均有古茶树，但更多的集中在坝卡囡，约有 1000 亩，且树龄都不小。勐海有几家茶厂在坝卡囡盖了干净整洁的初制所，可以兼收两个寨子的茶叶。茶农基本都是直接把采摘来的鲜叶交到这里，马上就可以换成现金。拉祜族一直以来都是勐海比较落后的民族，生产力也较为低下。因而，在很多拉祜寨，村民们都很少炒茶，与其不会炒、炒废掉、卖不掉，还不如卖鲜叶来得现实。

与班章村委会另三个寨子比起来，这两个寨子无论是知名度、富裕程度还是茶价都逊色得多。因为一是这里的古茶面积不大，二是宣传也极少，知道的人不是很多。也就是最近几年，在新老班章和老曼峨这几个名山头炒得太热的时候，很多人想找一个班章系而价格又不是那么坚挺的替补茶品的时候，这两个寨子得以补缺上位。借了班章的大名，现在的坝卡龙、坝卡囡茶价也一路走高，慕名而来的茶友、茶商越来越多。

坝卡囡已经盖起了很多现代化楼房，而坝卡龙靠着国家的整体搬迁扶贫政策，也告别了低矮潮湿的木板房、木片房。正午时候，很多村民高坐在楼上拣剔着老黄片。古树茶就这么点面积和产量，追捧的人却渐多，所以，当我们询问价格的时候，村民们随便报了个不低的价格，也不追问要否，一副爱买不买的样子。而事实也是，你不买，马上就有下一拨客人来了。祝福他们，茶叶给他们带来了根本的改善，曾经一贫如洗的寨子，如今慢慢地走上了富裕之路。

坝卡龙扶贫安置点的小孩

对于我们的采访，刚刚经历外界喧嚣的村民们，似乎不知如何表达。在下山回城的路上，我们遇上了坝卡龙的村长和寨子里的小学教师李荣春，这个黝黑魁梧的汉子，由于一次轮岗支教从坝子来到这大山上，再没有回去。支教的来了一拨又一拨，轮岗的来了又走了，就他留了下来，一坚持就是一二十年。

他是整个班章村委会的流动教师和校长，哪里需要就往哪里搬。与我们路遇的时候，他和村长开着皮卡去给学校的孩子们采购营养餐所需的物资，然后再分发到5个寨子的小学去。因为路途遥远且经费少得可怜，为了省油钱、省花销，他隔两个星期才下山到县城采购一次，超出补贴的，还得想办法补上。

这条线上，还有两个寨子，一个就是勐海茶厂的"万亩茶山"，这是勐海茶厂的一大原料基地。因为一直这样叫，在班章村委会那里，"万亩茶山"成了一个独立的寨子，虽然在行政区划上"查无此寨"，却被单独划分了出来。"万亩茶山"的茶农，也不是本地人，都是茶厂从外地整家整户迁移或者招工而来，久而久之，他们定居下来，成了基地茶农，成了当地人。他们负责茶园的管理和茶叶的采摘，把茶叶交给厂里，再计量领回自己的报酬。

如果不走"万亩茶山"一线，而是顺坝卡龙而下，会经过一个寨子，叫班等。这是个布朗族大寨，有160多户人家，也是个大茶村，但以后植的生态茶为主，满山坡都是郁郁葱葱的茶树，有少量的古树茶。这里已经不属于班章村委会管辖，而属于曼囡村委会。村民收入也是以茶叶为主。

坝卡龙，大眼睛的拉祜族小女孩

古树茶就在房前屋后

第二节
结良，布朗山古茶入口第一村

结良属于布朗山乡7个村委会之一。7个村委会，除班章村委会往贺开班盆一线走以外，其他6个村委会都在一条线上。从勐海县城出发，沿320省道行驶，至31公里处左转，就进入了结良村委会范围。结良是去往布朗山乡政府这条线上的第一个村委会。结良下辖结良、戈结良、曼掌、戈贺、曼迈、腊赶、回黄、曼龙、帕亮9个村民小组。村委会驻地就在公路旁的曼掌村口，距320省道2公里。从此处左转进去，就是结良村委会第一个拥有古茶树的寨子——戈结良。这条线上，还有回黄、曼龙两个村民小组。往右顺路直行上去，往乡政府方向走，其他几个寨子都在一条线上。

戈结良属于山区，海拔1200米，90多户、约400人，是个哈尼族寨子。这里有古茶树，散布在寨子周围，但不多，大概有七八十亩。山上，还有100多亩，总计也就200亩左右。小树茶则更多一些，据村委会提供的数据，有2000多亩。

老式的民居。如今大多数都盖上了新式楼房，或吊脚楼房，这样的老式建筑已经不多

以前，戈结良的古茶树都在寨子后面的高山上，为了方便管理，很多都移植到了寨子周围。现在山上还有 100 多亩没有移植。也许，是这几年村民们认识到海拔对于古树茶品质的影响，没有再移植。寨子周围的加上山里的，年产古树毛茶最多也就四五百公斤。

戈结良除了茶叶以外，还有甘蔗、香蕉、木薯等经济作物，并且产量都不小，并不是一个完全依赖茶叶的寨子。戈结良的茶以苦为特色，苦底重于涩底，古树茶苦化得较快。生态茶价格并不高，但产量可观。

结良，放学归来的小学生

拉祜族属于氐羌后裔，容貌上保留着鲜明的民族特征

帕亮，布朗山里的拉祜古茶寨

从结良村委会沿平整的柏油路继续上行，前进 15 公里再左转进去两三公里，就到了帕亮。帕亮是个拉祜族寨子，大概有 40 户人家。30 年前，他们还住在寨子后面的大山里，过着与世隔绝、一贫如洗的日子，后来才搬迁到了现在的新寨。如今，大部分人家都盖上了新式楼房，寨子里也建起了好多家茶叶初制所。

寨子周围，古茶环绕。这些古茶树，也是从背后的高山上移植到寨子周围的，但并没有全部移植，更多的还是在寨子后面的高山上，在以前的老寨周围，面积总计三四百亩。茶叶行情看涨，村民们每年都会把老茶树上成熟的茶果摘下来，就地种在山上，或寨子周围。

从寨子里去到山上采摘古树茶，还得走两三个小时，摩托可以骑行一段，然后走路进山。采茶时节，村民们都带上干粮，早上七八点就出门，晚上五六点才回来。

古树茶照亮了生活

大山背后的原始森林里，更远的地方，还有野放茶。很多不懂茶的，或者是懂却装作不懂的，为了有营销的噱头，卖个好价钱，把这些茶说成是野生茶，这是值得商榷的。我还在媒体的时候，通过对多位专家的采访，多次呼吁野生茶是不能喝的。真正的野生茶有微毒，喝了伤人伤身。这些茶其实是野放茶而非野生茶。所谓野放茶，就是不知多少代以前的先祖们种的茶，茶叶不值钱的时候，无人要、无人管，撂荒多年，而其实际是属于栽培型茶树。近些年，茶价一路攀升，寨子里的人们找寻到了这些撂荒的古茶树，实行谁先发现谁先采摘就归属谁家的原则。如今，这些当年弃置不要的野放茶成了香饽饽。

除了茶叶，村民们的收入来源，还有甘蔗、木薯，凹子里还有少部分稻田。但现在大家的重心都已转移到茶叶上来，因为比起甘蔗和木薯的劳作成本和劳动强度，茶叶远远轻松很多且收入来得更多更快。所以，这些年，除了种点水稻自给，茶叶成了村民们所有的依靠。新栽种的茶树越来越多，即使是小茶，也卖到了三四百一公斤。村民们给我算的账是，两公斤小茶就相当于一吨甘蔗的收入。而古树茶，一公斤就顶得上两吨甘蔗。

用摩托带我们上山的小伙子叫扎帕。去帕亮，要提前给他打电话，他不一定在寨子里，可能在岳父母家。拉祜族还保留着"从妻居"的传统，娶了媳妇以后，得去媳妇家住上几年，照顾对方老人兼干活，短则三五年，长则直至岳父母终老。这种情况，家里有女儿的还好，无非女婿互换上门。如果只有儿子的，儿子就会辛苦许多，得两边跑、两边照应。

好在拉祜族的婚姻圈子很窄，大多只在本村寨、本民族或邻近的同族寨子之间通婚，离得也不会太远。这种姻亲关系有个好处，可以避免一个千古难题：婆媳矛盾。女常可爱，媳常可憎。自己的女儿留在身边，媳妇留在她自己的家，爱憎就可以反转。大多数情况下，岳父母跟女婿是不会有这种矛盾的。扎帕平时住在岳父母家，春茶时节，因为媳妇家那边没古树茶，他经常回来做茶、卖茶。即使他不在帕亮，一个电话，他一骑摩托，风驰电掣，一会儿就赶到了。

有钱了，第一要务当然是盖房子

勐混坝子：来去布朗山，都得经过勐混坝子

勐混坝子是勐海的两大粮仓之一。穿行在勐混坝子，简直就是一种视觉上的享受。山区为主的勐海难得有这样的一马平川。春天，入眼尽是满眼的葱翠，听取蛙声一片。秋天到来，则是金灿灿的麦浪，稻花香里说丰年

曼龙，野性的呼唤

在物质生活越来越优越的当下，当一切入口的食物以各种"惊悚"的制作方式颠覆你的想象力时，生态、健康、有机成了普遍的追求。于茶而言，当各种添加物和人为的介入越来越显而易见的时候，你若有缘，若有时间，来云南看看，来原产地看看，看那百年古树茶生长在参天大树和丰茂的植被间，生长在厚厚的腐殖质间，相信，你会瞬间爱上普洱茶。

天光云影，一路相随

而更先行一步的人，已经到原始森林里去了。

那里，风从山梁走过，月亮挂在山巅。

那里，深幽，原始，生态，还有飞禽走兽出没。

那里，原始森林是释放无上清风的天然吞吐机。

那里，还有藏在深山老林里的野放茶，在等待知音

有这么一个机会，我们跟上了一位资深茶人的步伐，去探访他至爱至赏的深山野放茶。对于一个在勐海、在茶山生活、工作、做茶已经几十年的茶人来说，已经见过、喝过了太多的好茶，但当接触到这个野放茶的时候，他还是为之倾服，被它召唤，并有了进一步的规划：在这个远离人烟、远离凡尘、仅有 20 户人家的拉祜族寨子，建一个初制所，把这里的野放茶都收归囊中，为天下的普洱发烧友，奉上一壶山野的芬芳。

这里，就是地处布朗山腹地、属于西双版纳布龙自然保护区结良村委会的曼龙村民小组。从勐海往打洛方向 31 公里处左转进入结良，再从位于公路边的结良村委会左转进去，经过戈结良、回黄，最后一个寨子，就是曼龙。而这一路，依然是崎岖陡峭的山路，所需时间，一小时不下。从曼龙小组去到有野放茶的自然

保护区，还得走五六个小时的山路，连摩托都骑不上去。因此，在茶叶行情低迷不景气的年代，辛苦劳作一天才卖得几元钱，当然是件吃力不讨好的事。所以，茶树放荒也是自然而然的事了。即使是在古树茶价格高歌猛进的今天，这依然是件极其费时费力的事。因此，在第一次喝到这款野性十足的野放茶时，他毫不犹豫地给了村长扎体一笔钱，让村长在山里搭个简易房，备上炒锅，让去山里采茶的村民可以不用每次都花十几个小时的时间辛苦地来回，或在山里风餐露宿。他们可以带上简单的行李、干粮，住上三五天，在山里采茶、炒茶，茶叶晒干以后，再背回到寨子里。

这里，有必要再交代一下，这里的茶是野放茶，是栽培型古树茶，并不是野生茶，野生茶是未经人工驯化的茶树，是不能直接食用的。如前所述，因为交通极其不方便，曾经茶叶价格极其低廉，这些茶一直藏在深山人未识，自然而然就撂荒了，一任其伴着山风、野草、飞禽走兽野蛮生长。随着这几年古树茶市场的火热，村民们想起了遥远的大山里那久违的古树茶，于是，他们才开始进山采茶。但这么多年的无人管理，政府已经把这里划为自然保护区，古树茶属于国家财产，人人得而采之。只是渐渐地，大家约定俗成，谁先管理采摘就属于谁家所有，而整个村子也就这么十几户，不是有血缘关系就是沾亲带故，因此每家也都占有一些。因为长期的撂荒，

十年前的曼龙

车过回黄，村民们随意地坐卧在大路上，孩子和小狗们相与嬉戏。难得有外人来到这个地方，大路就是公共活动场所

茶树东一棵西一棵，稀稀落落地分散在空阔连绵的大山里，产量极其稀少，一个春茶季节，也就采得几百斤而已。一个不和谐的小插曲是，因为太远，管理不方便，还因为高茶价下的利益驱使，这些野放茶还出现被外村人偷采的情况。虽然，这也从另一个侧面证明了这些茶的来之不易和其难得的野性与纯真。

在《野性的呼唤》里，美国作家杰克·伦敦讲述了巴克从一只被贩卖的温顺的苦力犬，通过残酷的竞争最后回归自然称王狼群的故事。他讲的其实是人，也是他自己的理想。在生存与生活压力日益增大的今天，生活在都市里的人们，何尝不想放弃做只温顺的犬？何尝不想挣脱桎梏回归自然？

第三节
曼囡，无意坚守换来的意外收获

曼囡是布朗山乡又一个以布朗族为主的地方，全村的布朗族占到 98 ％，其余为拉祜族。整村茶叶面积 5000 多亩，古树茶大约 1500 多亩，森林覆盖率高达 80 ％，主要经济作物有甘蔗、木薯、香蕉以及日常所需的水稻、玉米等。曼囡下辖曼囡新寨、老寨、班等、红旗、曼班（一、二、三队）、曼木、道坎 9 个村民小组。

曼囡古树茶迎来了自己的高光时刻

布朗族是个顺天而生的民族，沿袭着他们一贯的生活方式，靠山吃山。山上没有的，就靠外界供给，比如这蔬菜，他们本可以自给自足，但他们似乎有了茶就不愁没有蔬菜。卖蔬菜瓜果的车一到，马上就会被一抢而空

曼囡新寨是村委会所在地，位于乡政府公路旁，是交通最方便的一个寨子。红旗也位于路边不远处，两寨都是上百户的大寨，生态茶居多。曼囡老寨则位于布朗山乡村公路18公里处右转进去的高山上。这条线上还有两个更高、更远的古茶村落：曼木、道坎。

曼囡老寨是个仅有30多户人家的布朗族老寨。因为以前茶叶无人问津，且交通不方便，大部分村民都搬到新寨去了，留下的都是当年比较贫穷的人家。如今，时来运转，老寨的收入已经远远超过新寨，古树茶少一点的人家也有个十多万的收入，多的几十万也很正常。三四十年前搬出去的新寨人，无论如何也想不到会有今天。但他们已经回不去，即使回去古树茶也没了他们的份。

过了曼囡老寨，再往更高的山上行有10多公里，就到了曼木。远远看去，曼木的民居规划有致，排列整齐，统一的红瓦扇顶，这在少数民族聚居地是极少见的现象。因为一般来说，茶农们都是在自家的地块和宅基上建房，彼此独立，不可能考虑村

容是否整齐错落。这显然是有外界干预，事实是，8年前，他们还住在曼木老寨破旧古老的木楞房里，过着原始而贫穷的生活，缺医少药，缺水少粮。政府动员他们搬迁，并请来推土机、挖掘机给他们平整了土地，拉来了砖瓦，每家补贴了两万多元的安置费后，他们终于放弃不知固守了多少代的大山，搬到了这里。而他们赖以生存的古树茶依然留在曼木老寨，骑摩托回去采茶，还得将近一个小时。

与曼木比起来，道坎的村民似乎就没那么幸运了，虽然两个寨子仅相隔两三公里，都是从曼木老寨搬迁下来，但道坎却还是落后曼木许多。从高处鸟瞰下去，道坎仅有两三家盖起了新式楼房，别的人家都还是老式的木楼。因为他们1987年就搬迁来到了这里，没有得到政府的补偿和帮助。也是最近几年，茶叶才给他们的生活带来了改观，但他们留在老寨的古树茶已经不多。

山路一百八十弯

136

曼木小学，学生寥寥

古寨旧貌换新颜

无论是曼囡新老寨，还是从曼木老寨分出来的曼木和道坎，都是有着悠久种茶历史的布朗族寨子，无疑在他们原先居住的地方，都有古树茶。当年，他们为了解决交通问题，以及水源和生计问题，都做出了在当时看来是明智的选择——搬迁！人搬了，但古茶树是搬不走的。如今，在当时看来较为贫穷无力搬迁或者安于现状不想搬迁的村民，接下了他们廉价处理的古茶树茶地，管理起了他们撂荒或不要的荒山茶。这些当年一文不值的古茶树，如今成了摇钱树。

这不能不令当年的"先进者"无奈喟叹与懊悔，而当年"落后者"的无意坚守，却换来今天的意外收获。但这无所谓对错，无所谓是非，只能说，萧瑟秋风只当年，而今春回大地，换了人间。

曼班，这里有最勤快的布朗族

在西双版纳，尤其是布朗族大面积聚居的布朗山乡，很多布朗族同胞沿袭着古老的生存方式，靠山吃山，过着简单快乐的生活。所以，在很多布朗族村寨，在衣食无忧，尤其是茶叶能卖上好价钱的今天，村民们基本不从事农作物的耕作，都是揣着卖茶叶得来的钱想吃啥买啥，什么东西都靠外界的供给。

走了那么多布朗族村寨，在曼班，我看到了不一样。从一进村口开始，就看见有很多家或在门口，或在木楼上，晾晒着红通通的辣椒，一簸箕又一簸箕，一看而知是自己家种的。村民说，不仅辣椒，在曼班，白菜、青菜、瓜尖等一应蔬菜瓜果，完全自给自足，吃不完的还往外卖，作为主食的旱谷，也是自给自足。

曼班老寨，在古树茶和云海的包围中。坐看云海起，背靠古茶香

茶叶，当然是最主要的收入来源。曼班老寨（一队）和新寨（二队）都是以茶为主要经济作物的大茶村，老寨有 70 多户人家，新寨有 110 多户。老寨在最高的地方，新寨在下，两寨也就相隔两三公里的路程。古树茶基本都在老寨，每年也就一吨多两吨不到的产量，供不应求。每年春茶时节，这个名不见经传的小寨子也是人来车往，好酒不怕巷子深，好茶也不怕山高路远。两寨都有着上千亩的新茶园，即使是新茶园的茶，因为良好的自然环境且远离人烟，追捧的人很多，价格也到了几百元一斤。以现在的行情而言，每家每户都有十多万的年收入，几十万的也不在少数。

布朗族妇女有抽烟锅的习惯。她们生活闲适，无太多不切实际的追求，所以不采茶、做茶的时候，都是三五成群地聚在一起抽烟、聊天

曾经的曼班三队，已经成为历史

曼班一、二队是传统世居的布朗族，三队则是拉祜族，处于半山腰上，贫困落后，仅有十几户人家。三队只有少量的茶园，香蕉是主要的收入来源。一次偶然的机会，某个契机下，这里实现了整村迁移，从低矮的茅草房一步搬入了崭新的楼房，一副鲜活的"直过民族"样板。再后来，随着国家扶贫攻坚计划的实施，整个布朗山已经找不到茅草房，也没有了"直过民族"。

露台上晾晒着火红的辣椒。一样火红的，还有茶叶和越来越好的日子

曼班新寨，寨子周围全是茶园。缅寺标志而醒目，高高端立在寨子最高处

第四节

新龙，扶摇直上寻茶去

以前的书面上，"龙"一般写作"竜"。因为竜字较为生僻，为了便于传播，就改为了常用字"龙"。lóng，其实是少数民族发音，并不存在一定之规。所以，"竜"改"龙"也不必细究，无他，易读、易记、易传播而已。

新龙村委会下辖戈新龙、曼新龙上下寨、曼捌、曼纳5个村民小组，古树茶主要集中在曼新龙、曼捌。曼新龙的古茶树是离寨子最近、最具观赏性的，戈新龙古树茶不多，但其小树茶品质亦极佳，受到茶友和商家的追捧，价格与古树茶相差无几。

戈新龙、曼新龙处在一条线上，比起其他茶山来，这里的路要难走得多。不仅山高路远，而且路窄且陡。从布朗山乡公路岔口进去，至少得颠簸摇晃个把小时才能到达戈新龙。到了戈新龙回头看，完全是一种高处不胜寒的感觉。而这个上行的过程，也可谓"扶摇直上"。

戈新龙是个僾尼族寨子，有40户左右人家，处在1600米的高海拔大山上。这里有古树茶100多亩，后来新种的生态茶有几千亩。这里还有远近闻名的大树茶400多亩，是1984年种下的，算来也快40年了。闻名的原因，一是茶质，都是当年用老班章的茶果种的，包括最近几年新种的生态茶，也都是用老班章的茶果育苗移栽。班章成了他们的招牌，提高了茶叶的附加值。二是做工，这里的僾尼族人极其勤快且善于摸索，他们做的茶，外形美观漂亮，卖相极好，所以价格也远高于其他地方的小树茶和生态茶。

在戈新龙，有四五十亩茶地的人家已经算少的了，一两百亩的不在少数。茶地太多而人力有限的人家，就把茶地包给外边的人去采摘和管理。春茶时节，也需要请外边的人来帮忙采摘，摩托一发动还可以去缅甸请人来帮忙（新冠肺炎疫情之前）。

到了戈新龙寨子的最高处，有一条宽敞的土路，往左，是去往新囡、章家，往右，行有五六公里，就到了曼新龙。

曼新龙是布朗族寨子，分为上下寨。离寨子还有一段距离，就可以看到路两旁虬曲盘旋的古树茶，"入寨皆古树，夹道万虬枝。"曼新龙的古茶主要集中在上寨，都分布在寨子周围，树干普遍都非常粗壮，树龄一看就不低，少则三四百年，多则七八百年，非常具有观赏性。普洱茶市场的普及，培育了一批铁杆老茶客，非布朗山茶不喝，甚至非苦茶不喝。因此，除了大名鼎鼎的老曼峨，曼兴龙的苦茶也一下子身价大增，价格堪堪与老曼峨持平。

上寨有 50 多户人家，古树茶几乎家家有。茶农们的经济来源也全靠茶叶，最近两三年茶叶价格涨起来后，有很多家已经盖上了新房。可以预见，在不远的几年，老式民居将逐渐隐退，一片整齐壮观的瓦蓝将辉映这片本来就瓦蓝的天空。冲着这些古老的茶树，已经有几家大厂在这里盖起了初制所，原料争夺战在所难免。这里的小茶树龄已有三四十年，多达几千亩，如今价格也在节节上涨。这些茶是现在以及将来的主力军，品质不错，吸引着越来越多的茶友和茶商纷至沓来。

站在去往曼新龙这条路的开阔处往下看，有一个寨子坐落在大山脚下，那就是曼捌。而去到曼捌寨子你再看，其实曼捌是坐落在一个山顶上。只是相较曼新龙而言，曼捌就低了很多。在曼新龙低头看曼捌容易，而在曼捌抬头看曼新龙，只看得到莽莽群山。

曼新龙以苦茶闻名

曼捌，一个茶叶村的山乡巨变

车过结良，经曼迈、戈贺、班等、红旗，行有一个多小时，往右边一块竖着"曼桑"指路牌的路口右转进去，再行有半个小时，就到了曼捌。这是一个比较大的布朗族村，有 110 多户人家，450 多人。依然，以茶为生。依然，延续一个规律，有布朗族的地方，必有古茶树，必有缅寺。

曼捌也有老寨，但全村都整体搬迁到了山下，山上已完全没有人家。以前的老寨，已经看不到任何旧影遗迹，唯剩一座破落孤寂的缅寺，在斜阳余晖中展示着它曾经的辉煌，齐腰深的长茅乱草以其蓬勃生机陪护环绕。旁边，一间摇摇欲坠的破屋，暗牖悬蛛网，空梁落燕泥，不知是缅寺之一部分，还是民居。若是民居，当年定是富足人家，不然，四围早就一片芳草萋萋，唯独此屋依然屹立不倒。

斜阳衰草，古寺寒烟

不知出于何种考虑，新寨连名字也改了，老寨时叫曼桑，如今，叫曼捌。但，有一点，依然是不变的，古茶树是搬不走的。古茶树，依然是他们赖以生存的根本，尤其是布朗族。

茶山在贫穷落后的年代，都有一个现象，茶树是柴火来源，也是盖房架梁的来源。而在去往老寨的路上，我们看到的一幕则是，村民们现在又回过头来，烧掉满山的杂草灌木，开始种新茶。拜茶叶所赐，他们看到了生活的希望。在靠山吃山的日子里，茶叶即使只能带来微薄的收入，他们依然没有其他来源，仅有的一点补贴，也只是养头猪、养头牛、种点旱谷而已。

这几年，曼捌茶从几百开始，一路飙升，到了一两千。村民们已经过上从年收入全家一两千到了人均过万的日子。古茶树多的人家，年收入则达到几十万。

但是，古树茶毕竟还在老寨。从新寨去到老寨，走路得两三个小时，骑摩托也得四五十分钟。为了做茶方便，富起来的村民们自发凑钱，在老寨盖了一栋漂亮的新式楼房，打了灶台，支上炒锅，备上篾垫，供村民们上山采茶、炒茶、晒茶所用。村民们只需带上简易的行李上山，把鲜叶做成干毛茶以后再背回到寨子里。随着普洱茶尤其是重度苦茶爱好者越来越多，更多的人直接追到原产地，追到茶山茶园，茶农甚至都不用背回寨子，在这个既是全村人的家，又兼初制所的楼房里，鲜叶就直接被买走、拉走，甚至还出现抢购现象，价高者得。

我们进村歇脚的茶农家姓黄，是寨子里仅有的几个汉族人家之一，因为脑子活络，他早在老寨的时候就开了第一个小卖部。因此，他也是寨子里最先富起来，最先盖起新式楼房的人家。讲起当年进货的经历，他依然记忆深刻，因为交通极其落后，去到县城进一次货，天不亮就出门，深更半夜才回得到家，赚点钱相当不容易。

丈量茶山，积跬步以至万里

在困顿的年代里，吃顿肉算是奢侈，蔬菜是家常。如今，靠着茶叶富起来的村民们，却是满桌的酒肉，而少了蔬菜。如果外面没人来卖蔬菜，或是自己没出去买，想吃蔬菜反而成了困难的事。一句话总结就是，以前没肉吃，现在没菜吃。

还有一个不同于其他汉族地区的一大特色是，大部分的汉族地区，年轻人都外出打工了，留在家里的都是些老人和留守儿童。尤其是年轻的姑娘，更是一心想着往外走，都想着外边的世界很精彩，都想嫁个外边的人，不想再回到村里。而这里的情况却是，年轻人满寨都是，比起卖茶叶的收入，打工挣来那几个钱，反而显得寒薄而不值一提。姑娘们也更愿意留在家里，或就近嫁到寨子里。虽然没有明确的证据，但可以想见的是，男方家有多少茶园、多少古树茶定是考量标准之一。按一般农村的习惯，下午两三点，正是下地干活的时候，家中很少有人。而此时，曼捌整个村子似乎热闹而闲适，妇女们三三两两地聚在一起聊天、嗑瓜子、做针线活。年轻人也三五成群地在村边路口游荡，似乎一年的钱都在春茶时节就挣完了。

用摩托送我们上老寨看古茶树的，是两个布朗族小兄弟。18 岁的岩飘，就在寨子里谈了一个女朋友。还在当小和尚的岩桑，家里成片成片的古茶园也等着他来接班。岩飘就是前文提到的黄姓老板的儿子，有个跟随父亲的黄姓汉名，却很少有人叫起，大家都只知道他叫岩飘。而他自己也更愿意别人叫他岩飘，包括他在景洪读书的姐姐也叫的是布朗族的名字——玉应，他们的母亲就是本寨的布朗族。

这里，还有一个文化现象值得一提。布朗族是一个后起的少数民族，虽然有着自己独特的民族文化和特色，但总是不由自主地受到其他兄弟民族文化的影响。比如之前，在老寨开小卖部的是黄老板，后来到了新寨以后，小卖部也多了起来，也有布朗族人开的，汉族人给他们普及了商业意识。在取名字上，他们又跟随的是傣族，男孩子大多都叫"岩"，女孩子都叫"玉"。包括年轻人都要出家当一段时间的小和尚，在村子里修缅寺，也完全是受傣族文化影响。

简易的初制所，写满了傣文

第四节
章家、勐昂，边地风光四时同

秀山清雨青山秀

之所以把这两个村委会放在一起来写，是因为两村相连相邻，同处边境线上，有着同样的地理气候条件，有着同样的民族和同样的种植结构。比如，两村的苦茶都极有名；两村各有一个寨子的台地茶堪称台地茶之王；两村古树茶都不是很多，但又都有零星分布。

勐昂的古树茶主要集中在帕点和曼诺，可以算是布朗山古茶的最后两站。曼诺后面有专文介绍，这里且说帕点。

从布朗山乡政府去帕点，最多 20 分钟即可到达，都是路况极好的柏油路。这是一个有着 70 多户人家的布朗族寨子，过了这里就是景洪，山那边，就是缅甸。帕点的古树茶不多，仅有几百亩，小茶有几千亩。古树茶兴起来之后，这么偏远的地方也被茶友们发掘出来。虽然只有几百亩，但这里的古茶树极有特色，是很多茶友极力追寻的苦茶，条索油润漂亮，卖相特别好。现在的帕点是新寨，是从对面的高山上搬下来的，已经有 20 多年，古树茶也在对面的山上，在老寨。帕点的古树茶量少且不易得，小树茶成了替补和后援，价格也跟着水涨船高。当然，功德无量的是，有庞大的茶友群助力和贡献，这里的经济和布朗族同胞的生活水平上了一个大大的台阶。

章家三队属于章家村委会，而卫东属于布朗山乡政府所在地的勐昂村委会。两寨的茶虽然都是台地茶，但其价格却几乎赶上了古树茶。再懂茶的茶客、茶商，再铁杆的古树茶迷，也都会被章家三队、卫东茶的香高味浓所吸引，即使不做这里的茶，没来过这里，至少也知道或者听闻过这两个地方。

章家三队、卫东，台地茶之王

章家三队是布朗族寨，有 130 多户人家。我们去采访的时候，村子里面到处是悠闲的村民，男人们三五成群聚在一起聊天抽烟，女人们则聚在一起拉家常嗑瓜子。我们询问了好几个随处游走的村民，竟然一家都拿不出茶叶来试喝一下。村民们说，天天有老板来寨子里来收茶，根本就不愁卖，很多人来了都是空手而归。村民们平均每家有茶园三五十亩，总计四五千亩，年产干毛茶近百吨。

正午的章家三队

以台地茶闻名的，只有章家三队

据村民们回忆，如今这些漫山遍野的"摇钱树"是 1982—1986 年间国家大规模扶贫时期，由乡政府派发的茶籽育苗栽种而来，他们还记得当时的县委书记叫周光良。笔者向时任勐海县茶业局局长、著名茶叶专家曾云荣求证，曾老师则说，章家三队的扶贫计划是 1985 年申报，1986 年才开始实施的，而且发的是实生苗。至于村民们无法解释的是什么品种导致章家三队的茶这么香、这么畅销，曾老师给出了答案：这些茶种是从临沧、保山等地调来的勐库种、凤庆种和昌宁种。如今，不仅本地村民，外地村民也慕名而来，专拣这里的茶籽去育苗栽种。

相较而言，卫东的发展脉络就清晰得多。卫东，这是一个新的地名和新的寨子，新到其历史可追溯到年月日。当然，这是指搬到现在的新寨所在洼子的历史。搬下来以前，村民们住在不远处的高山上，老寨，叫勐囡。之前所在的勐囡老寨，则是从老班章搬来，时间是 1967 年，民族自然也是老班章的傣尼人。从搬过来那时候起，他们把老班章的茶籽也带了过来。如此一算，老一些的茶树也有 50 多年的历史。如今，新老班章的村民却反而跑到这里来买茶苗回去栽种。村长克土解释，这是因为老班章的茶树结果较少且不易成活。在卫东，育茶籽、卖茶苗成了又一产业，供不应求。

车还不到卫东，站在路对面的公路望去，卫东的房屋结构、瓦面颜色以及房屋间距整齐统一，如城市里千篇一律的楼房。搬迁是政府动员的，政府给他们把土地推成一块块平整有致的地块，又给他们提供了瓦片和木头，所以有了如今的格局。同属楼房，但其所处的自然环境和个人的幸福指数则不可同日而语。天天在都市奔忙的人们，哪有这样的闲适与安逸。

卫东地处洼子里，且四面开阔，周围又有河流环绕，水田自然就多。正是插秧季节，一队队妇女不是在水田里插秧就是在去往插秧的路上。克土说，这些都是来自大勐龙的傣族妇女，是专业的插秧队，因为卫东的村民们或忙着采茶、做茶、卖茶，或忙着盖房子，就把水田承包给了她们。

顺着卫东下去，连通到景洪大勐龙。翻过对面的山梁，则是缅甸。

兴囡，碉堡挡不住，本是一家亲

在兴囡，出国是件极其简单的事情（补注：本文是很多年前写就，那时还没有新冠肺炎疫情，没有封锁边境，为保持文章原貌，一仍其旧）。摩托一发动，要不了半个小时，就可以坐在缅甸喝茶吃饭了。开玩笑说，缅甸那边一个电话过来请吃饭，没等他饭菜做好，人已经到了门前。兴囡寨子有很多媳妇也是从缅甸娶过来的，寨子里男多女少，很多年轻人也以缅甸的姑娘们为目标。至少在清中晚期，他们都还属于中国的子民，同属布朗族，讲着一样的语言，有着一样晒得黝黑的肤色，甚至还是有着血缘的亲戚。一场殖民战争，一条国界线，一道山梁，把他们分成了两个国家的人。如今，他们依然愿意往中国跑，愿意嫁到中国来。

曾经为了防御用的碉堡，成了一道风景

从兴囡寨子顺山路上去 5 公里，就是 232 中缅界碑，界碑那边，就是缅甸。前些年，缅甸发生内战，战火几乎烧到边境。为防万一，兴囡还在边境不远处修了一座碉堡。还好，缅甸内战没越过国门，这个碉堡倒成了一道风景。

在布朗山的古茶村落中，兴囡仅有百余亩古树茶，在唯古树茶是论的茶界名不见经传，但其小树茶和苦茶却是众多厂家争抢的对象。兴囡的小树茶有几千亩，因为地处中缅边境，远离尘世的喧嚣，远离污染的排放，生态植被保存完好，所以品质极佳。据村民们记忆，这些小茶，是用 1998 年国家扶贫时发放的茶苗种下的，已有二三十年。

这里的苦茶也极出名，快赶上古树茶的价格。有很多是从隔壁的缅甸运过来的，同属一样的山系，一样的品种。随着普洱茶的普及和风靡，苦茶的价值和独特韵味被发掘出来，成为众多厂家和茶友追逐的对象。这里新种的茶树，全都换成了苦茶。

笔者在 232 中缅界碑

曼诺，边境古茶入云天

在勐海，叫曼 nuò 的地方，不下一二十个。名气较大的有勐往的曼糯，勐昂的曼糯，后来估计是为了区别太多的曼糯，勐昂的曼糯改成了曼诺。曼诺位于去往布朗山乡政府的半路上，路边有块指示牌，写着曼诺，从这里进去即可。

这是一个有着 170 多户人家的布朗族大寨，是 200 多年前从老曼峨搬迁而来，与缅甸离得很近，界碑就在寨子后边。虽然远离勐海县城，地处极边，这里的茶却在勐海大有名气。因为这里的茶都是苦茶，且古茶树都非常高大粗壮，不但具备优异的品质，还极具观赏性，不用爬山，古树茶就环绕在寨子周围。这个特点与新龙村委会的曼新龙极其相似。

虽然远离县城，这里的茶依然供不应求。古树茶自不必说，小树茶也是抢手货，都是用本地的苦茶籽育苗栽种的。懂茶的老茶客和老拼配师傅都知道，苦茶是调剂和拼配普洱茶最好的茶中味精。近几年来，曼诺的小树茶种植达到了前所未有的高潮，短短几年时间，就达到上万亩。市场是最好的风向标，在这里一览无遗。

这里地处中缅边境，缅甸媳妇自然少不了。这也是西双版纳特色之一：境外姑娘们争相往中国跑，本地姑娘们都不出去打工，出去的也都往回跑。在曼诺，还有另一种新现象，不但缅甸姑娘往这边嫁，男人也愿意上门来到这里，虽然在布朗族的习俗里，这是从妻居的另一种表达，但是这些近者来自勐海，远者来自湖南、四川的汉族人，为这里的茶叶外销、商业气氛的引进注入了新鲜的活力。

曼诺，是一个布朗山苦茶的天然博物馆和标本馆，这里有着不分国界、不分民族的蓝天白云。曼诺的风里都带着茶香，还有掩映在古茶园里金碧辉煌的缅寺。有首传唱久远的经典歌曲——《彩云之南》，曼诺，有着歌词里一样让人心醉的美景，一个值得归去的地方。

收茶的老板来了

蓝天、白云、绿树、红瓦、金塔，是布朗族村寨特有的景象

勐满

黎明农场

勐海县

勐遮

景真八角亭

定

巴达

高山之上，佛国茶香

巴达：高山之上，佛国茶香

巴达位于勐海县西部，东边是勐遮坝，南边是通往缅甸小勐拉的国家级口岸打洛，西边隔南览河与缅甸相望。明清时期，巴达在十二版纳中属于勐遮版纳管辖，民国时期划归五福县（后改称南峤县）。之后，巴达在南峤、勐遮、西定之间不断划进划出，现与西定合并统称西定哈尼族布朗族乡。巴达则成了村委会，下辖章朗、巴达、贺松、曼佤、曼皮、曼迈兑、曼勒等寨。其中，古茶树主要集中在章朗、巴达、曼迈兑等几个寨子。

去巴达，得经过勐海最大的坝子——勐遮坝。这里河流纵横交错，良田千顷，是西双版纳的大粮仓。明清时期，仗着"地大物丰、兵精粮足"，勐遮土司是车里（西双版纳）宣慰府各土司中最骄横、最爱惹是生非的主儿。尤其是1908—1911年，勐海、勐遮、景真长达3年的攻伐战乱，造成整个坝子荒芜衰落、民生凋敝，就是因勐遮土司刀正经挑拨离间引起。

勐遮的行政归属，几经更迭。民国时期，勐遮先置五福县，后改为南峤县，新中国成立后又撤县改镇并入勐海县。

在稻花香中穿过勐遮坝子，顺着山路蜿蜒而上，入眼都是葱茏的翠色，入心入脾的是满山的清风。回头看去，勐遮坝子阡陌纵横，稻浪翻涌。一个个干净整洁、蓝瓦白墙的傣寨迤逦分布在稻田两边的山脚，昭示着这个坝子的广袤富庶。一条笔直的公路把整个坝子一分为二，公路不宽，仅可容两车通过，但常年皆是人来车往、川流不息。这条路不仅是通往巴达山的必经之路，也是通往曾经名列西双版纳十大农场之一——黎明农场的主干道，还是去往普洱景迈山、邦崴，去往双江勐库、永德忙肺等滇西产茶重镇的茶叶大道。

入山的第一个寨子叫曼来，虽然是一个小寨子，但是饭店、修理店一应俱全，这也是茶叶值钱以后带来的便利与福利。这里还盛产大红菌，野生菌上市的季节，路过曼来，可见得家家户户都在房前屋后洗晒大红菌。这种在我们滇东北老家被视为"夺命菌"的鲜红色蘑菇，在这里却是上好的山珍，是馈赠送礼的滋补上品，价格远远超过茶叶，好的菇菇头要 2000 多元一公斤，伞状长开的也价值几百元一公斤。过了曼来，岔路右手边去往西定乡政府，左边即是去往巴达。往巴达方向前行不远，第一个寨子，就是章朗。

第一节
章朗，人间幽微地，到来生隐心

章朗的美，是一种既宏大深邃又细致明朗的美。

章朗的美，是满山的清风蝉噪和云白天青辉映下的美。

章朗的人，是勐海距离历史最远而距离苍穹最近的古濮人。

章朗的茶香，飘过山岭就到了异国，飘出勐海就到了世界。

章朗的历史，犹如天边的晓月，挂了千年而清辉不减。

菩提树，章朗大金塔

章朗村口的白象

这里的一切，清风、美景、濮人、苍穹、历史，都写在寨子里，写在村头那座千年古寺里，写在章朗的山山水水里，写在章朗的一草一木里。若非亲到，若非身临，一切的臆想和转述都显得苍白而无据。

章朗，这个有着千年历史的布朗族古寨，无疑是巴达最著名的寨子和最著名的普洱茶产地。于历史而言，这是唯一一个可堪与老曼峨比肩的古寨和古寺，据章朗古佛寺珍藏的贝叶经记载，章朗已有 1400 多年的建寨历史。于茶而言，这是巴达古树茶最多、最出名的山头。

"章朗"为傣语，意为大象冻僵的地方。相传 1400 多年以前，佛家弟子玛哈烘用大象驮着经书自斯里兰卡学成归来，途经章朗时，正值隆冬，又突降冻雨，大象竟被冻僵不起。附近村民闻讯赶来，燃起熊熊大火，给大象恢复了体力。后来，玛哈烘就在此建寺立塔，并动员周围村寨的人们搬到这里居住，取名"章朗"，以纪念大象驮经之功。大象，也就成了章朗人民的吉祥物。在寨子的尽头，如今还屹立着两头由寨子里的青年人集资建造的白象，如同寨子的保护神，镇守护佑着这千年古寨的薪火传承。经过白象所在的村尾，沿着一条浓荫蔽天，青苔落叶铺就，高达百级的台阶拾级而上，就是寨子的最高处——金塔。金塔是章朗又一佛教圣地，也是章

章朗布朗族博物馆

朗不可错过的又一美景，直入云天。金碧辉煌的塔群本就是一幅壮美的图景，更兼满山的青松秀木和满院的菩提树，增加了这里的禅意与宁静。

章朗现有 260 多户人家，分为老寨、新寨、中寨，是西双版纳最大的布朗族寨子，也是布朗族历史文化保存得较完整的寨子。布朗族建筑、语言、服饰、生活习俗在章朗都得以完整保留。如今的章朗佛寺经过多次的改扩建，新旧共存。新者如谦谦后生新不夺主，旧者如敦厚长者老而弥坚。佛寺、佛塔、僧房、藏经阁，整个佛寺建筑群透着浓浓的布朗族建筑艺术风格。而佛寺墙壁上鲜艳夺目的长卷壁画，虽然算不上名工巧匠之作，却是一部布朗族的民族史和发展史，细致入微地表现了布朗族从创世神话开始，到现今生产生活的点点滴滴。

2006 年，在政府的支持下，章朗建起了第一个布朗族生态博物馆。馆虽然不大，透着浓浓的乡土气息，也算是向外界展示布朗族历史沿革和民族文化的一个小小窗口。

阳春四月，正是春茶忙时，在这遥远的深山古寨，疫情也一样被严防死守，何况这里紧邻缅甸，还有全国各地的茶客络绎往来，拣茶的老人们都自觉地戴上口罩

博物馆跟村委会在一起办公，不常开门，想看博物馆，还得请村干部来开门。随着这些年章朗古树茶的知名度越来越高，地处寨子中心的博物馆周围建起了民宿和饭馆。去了章朗，不用再着急往回赶，可以到处走走歇歇，住下来。更远一些还可以去边境看瀑布。如果天气给面子，还可以拍到漂亮的落日和第二天早上的日出。

章朗位于巴达海拔 1600 多米的高山上，林木森森，终年云遮雾罩，孕育了巴达最好的古树茶。如西双版纳众多古茶园一样，章朗的古茶园也是林茶共生，花木同春，古茶树错落而稀疏地分布在绵延无尽、四季苍翠的青山里，因而章朗的茶也有着别样的大气、稳重，如蕴藉宽广的巴达山一样。

从章朗去往曼佤，回头看来，九曲十八弯，从最高处一路蜿蜒下到沟底，又从沟底一路攀爬到山顶。如果不是特意为了探路或者体验，很少有人走这条线。一般都是从贺松到巴达再到曼佤，那边就好走很多

去了章朗，如果你没有一种留下来的冲动，一种不想回去的感觉，那只能说你已经审美疲劳。至少，你可以留个一天半天，去到章朗寨子后边那悠长的台阶上，幽深的林子里，或坐或卧，把自己深陷在浓情绿意的自然里。面对四围的苍松翠竹，听着满山的蝉鸣鸟叫，将将纷繁的思绪，摒除世俗的牵挂，坐卧由之，甚或，发呆即可，呼吸即可，这是超自然的大氧吧。

唐代诗人祖咏有首诗，用在此处，绝佳：
别业居幽处，到来生隐心。南山当户牖，沣水映园林。
屋覆经冬雪，庭昏未夕阴。寥寥人境外，闲坐听春禽。

第二节
贺松，一棵改变世界茶叶历史的茶王

巴达其实早就声名在外。在 20 世纪六七十年代，其知名度比南糯山还高。那时候，茶界只知巴达而不知南糯，因为巴达贺松大黑山，发现了一棵1700多年的野生大茶树。

1961 年，有村民向云南省茶科所报告，在贺松大黑山原始森林发现了一棵大茶树。时任所领导蒋铨委派刚刚大学毕业分配来的张顺高和同所的工作人员刘献荣前往考察。他们步行三天到达巴达公社，向公社说明来意后，次日清晨，公社派出贺松村长和两名武装民兵护送他们前往大黑山考察。巴达毗邻缅甸，在那个特殊时期，不时还有国民党特务流窜过来搞破坏，还有各种野兽出没，因而必须有武装民兵保护才能进山。

那是茫茫无际的原始森林，直径一两米，甚至几人才能合围的大树比比皆是，大白天也是遮天蔽日，光线穿过层层林障，吝啬地洒下来，闪闪烁烁、影影绰绰。即使

阳光穿过森林洒下来

板状根是热带雨林树木特有的现象，在遮天蔽日的热带雨林中，树木为了获得阳光雨露，必须长得很高，如果没有宽阔粗壮的根部或者板状根支撑，它们很可能因为一次大风暴而倒下。茶树王的倒掉就是典型的例子。物竞天择，适者生存的自然法则放诸四海皆准

五六十年后的今天，我们数次带客人去拜访那棵茶树王，或者茶树王遗址，依然会被森凉荫翳的环境包裹着前行。新鲜的空气夹着湿气扑面而来，浓密厚重到感觉不是你自己呼吸而是被强行灌进口鼻的，还裹挟着地下厚厚的腐殖质散发出的发酵味、土腥味一并扑来。偶尔，有村民从对面看不见的转角或者藤蔓后转出来，悄声无息地出现在你面前，绝对是对你心脏的考验，甚至手上还拎着一把长长的弯刀（这不是虚拟情景，村民们带着刀斧上山找野菜、野味是常有的事）。而成群结队的绕眼虫、山蛾子会一直前赴后继、百折不挠地在你眼前翻飞骚扰，直到你被驱逐出它们的领地。

回到 1961。经过几个小时披荆斩棘的跋涉，时近中午，在民兵的护送下，张顺高、刘献荣他们一行终于到达了大茶树所在地。由于森林里天黑得很早，他们匆忙对周围的生态环境进行了考察记录，取土样，采茶树花果枝叶标本，测量茶树直径，做好记录，匆匆折返。走出森林，太阳已经落山，回到公社已是晚上 9 点多。第五天，他们回到勐遮。第六天，他们回到县政府所在地的勐海镇茶科所，按三角法计算树高，竟然高达 32.12 米，大家都持怀疑态度。1962 年 2 月，他们又第二次进山复查，证明测量无误。张顺高根据生态环境，结合对群众的采访，进行了茶果枝叶鉴定、样品生化分析，

确定其为野生型茶树，于年底写成《巴达野生大茶树的发现及其意义》一文，发表于《茶叶通讯》1963年第1期。紧跟着，茶学界权威杂志《中国茶叶》也相继刊发此文。一文激起千层浪，世界茶学界为之轰动。巴达野生茶树王为当时发现的世界最大古茶树，高达32.12米，基部树围达3.2米，被誉为"茶树活化石"。其时，世界茶树原产地起源于印度的论调甚嚣尘上，而此文的发表，无疑颠覆了这种广为流传的谬论。此后，各种报纸、杂志接连不断地进山朝拜拍照，采访宣传，成为当时一大要闻，巴达野生大茶树一时蜚声中外。紧接着，巴达山茶王树周围又发现了10万余株野生古茶树，巴达贺松原始森林，被国家划定为"天然林保护区"。从此，茶树原产地不在印度，而在中国、在云南这一事实得到了强有力的证实。巴达山成了全世界茶人心中的圣地，一批又一批日本、韩国、美国、欧洲各国、东南亚各国等茶叶专家、学者、媒体、茶人慕名而来，前往巴达造访拜谒，络绎不绝，直至今日。

多年以后回忆起来，张老说，上巴达贺松大黑山考察时，他并未意识到这次行动竟有如此重要的政治经济意义和学术价值。这成为他一生献身茶叶事业最为荣幸的事，而且他当时刚从大学毕业，就有这么好的机缘，三生有幸。

遗憾的是，2012年9月，茶树王由于根部中空而断裂死亡。现被勐海陈升茶厂运回，供奉于茶厂顶楼，供爱茶人们瞻仰、观赏。而茶树王原生长地，建起了纪念亭子和碑刻，记录着这棵改变世界茶叶历史的茶树王曾经的辉煌与荣耀。

巴达茶王倒地以后，被陈升茶厂运到公司保护起来，并准备以之为主题建一个博物馆

从山对面看曼迈兑

第三节
曼迈兑，边境上的白鹇古茶寨

曼迈兑是一个边境寨，紧邻缅甸，海拔 1600 米左右，古茶园最高海拔达 1850 米。据曼迈兑缅寺的记载，这里的布朗族最早住在打洛曼迈孟，经过几次迁徙，最后于公元 590 年（隋文帝开皇十年）迁徙到曼迈兑老寨，再于公元 620 年在首领安坎旺、呀乖的带领下搬迁至目前居住地，至今已有 1400 多年历史。如果加上最早迁徙到老寨的历史，布朗族先民在这片土地上已经生活了 1430 多年。从历史的悠久度来说，曼迈兑缅寺的历史跟老曼峨、章朗一样，都超过了 1400 年，只是这里的规模和知名度，就逊色很多，但是从古风古貌建筑遗存上来看，曼迈兑缅寺是保存得最好的。

在勐海，叫曼迈的寨子有很多。曼迈是傣语，新村的意思。而曼迈兑，就是迁徙来

曼迈兑寨门，大象、孔雀、白鹇鸟共一门

的新村之意，是这里特有的名字。虽然寨子远近的人都已经习惯了叫这里为曼迈，但是寨门上，清清楚楚地写的是"曼迈兑"。

兑，在布朗语里面，有两个意思，一个是跑，引申为迁徙、搬迁。曼迈兑，就是从曼迈孟迁徙来的寨子。一般而言，布朗族很少居于坝区。一是因为布朗族喜欢依山而居；二是因为自古以来，西双版纳都是傣族土司统治的地区，坝子里面肥沃的水田自然归于傣族，布朗族很大程度上是被迫上山的。所以，他们或主动或被动，从打洛坝子，迁徙到了这高山之上。

兑，还有白鹇鸟的意思。据说，布朗族先民迁徙到这里的时候，白鹇翩翩飞舞，绕村而居。因而，白鹇鸟成了这个布朗族寨的吉祥鸟。曼迈兑寨门两边有一副村民自编的对联：

古寨新居白鹇舞
三弦茶韵濮人情

如果是第一次到曼迈兑，不了解兑的意思，可能会心生疑问——这高山顶上的寨子，跟白鹇有啥关系？白鹇在哪里？

在云南，把白鹇当作吉祥鸟供奉朝拜的，以红河的哈尼族为主。佤族是个多图腾崇拜的民族，除了牛以外，白鹇也是他们的吉祥鸟。在《阿佤人民唱新歌》成为主旋律之前，佤族的主打民歌就是《白鹇鸟》。白鹇鸟在云南主要分布于滇西、滇南，属国家二级保护动物，栖息地多为森林茂密、植被完好的常绿阔叶林和沟谷雨林。所以，有白鹇鸟的地方，生态环境都是原始静谧的。不只是在云南，在中国的很多南方省份，白鹇鸟都是吉祥物，被比为"山中隐士"，清朝则把白鹇作为五品文官的补服图案。大诗人李白得了一对白鹇鸟，高兴之极，专门为它赋诗一首，比之为白璧：

> 请以双白璧，买君双白鹇。
> 白鹇白如锦，白雪耻容颜。
> 照影玉潭里，刷毛琪树间。
> 夜栖寒月静，朝步落花闲。
> 我愿得此鸟，玩之坐碧山。
> 胡公能辍赠，笼寄野人还。

曼迈兑到曼勒，一路都是这种极好的生态环境

曼迈兑缅寺

寨门口的对联，当然不能按严格的平仄韵律来考究，倒也精确地概括了这个寨子的全部风貌。这是一个以茶叶为生的布朗族寨，生态环境极好。濮人，即布朗族先民，是最早种茶的民族，这已是基本的民族学常识。三弦，则是布朗族传统乐器三弦琴，是被列入国家级非物质文化遗产名录——布朗弹唱的主要乐器。

曼迈兑现有220多户人家，1000多人，算是很大的寨子了。寨子周围，漫山遍野都是茶树，千亩以上，年产干毛茶30吨左右。村民们把这里的茶叶分为3种：古树茶、大树（乔木）茶、生态茶。这里的乔木也有几十年的树龄。因为毗邻缅甸，再加之这些年对环境保护的重视，这里的生态环境非常优美，触目皆是绿荫如盖的大树，或蓬勃葳蕤的草木。环境不可谓不好，茶树不可谓不大。但这里的茶一直不是很出名，一直徘徊在每斤千元左右，或者作为配角，成为别的茶区大厂的配料。为什么？也许是品种的原因，也许是土质的原因，这里的茶总是涩感明显，以至有"不涩不是曼迈茶"的说法。对于我这样的老茶客来说，苦是可以接受的，因为苦后的回甘是愉悦的、持久的，但涩给人的感觉总是不好，如沙附苔，挥之不去，赶之不走。

我喝过这里的白茶、红茶，涩感就降低很多，发酵熟茶，涩感也明显弱化。曼迈兑的村民，或者收料的厂家，可以扬长避短，多做白茶、红茶，或者发酵熟茶。

曼迈兑往下走，是巴达曼迈线最后一个寨子——曼勒。在当地发音中，这里叫曼 ne。曼勒是一个哈尼族与布朗族杂居的寨子，有 90 户人家。一进寨子，你就明显感觉这不是一个产茶的寨子。产茶的寨子，家家户户屋顶都是晒棚，家边都搭有初制所。产茶的寨子，一进村都是家家新房，一家赛着一家的比高度、比宽度、比豪奢。而这里房子大都是传统的干栏式，有一二十家甚至还住在低矮的木楞房里。偶有两三家做茶的，一看规模都很小，晒棚里、楼上都不见茶叶。陪同我们从曼迈兑过来的茶农说，这里几乎没茶，有也是家边寨旁近几年种植的小树茶。因为要保护国有林，不准开荒种茶，小树茶也很少，村民经济来源

在煮酒的布朗族小伙和他的小孩、外祖母、外曾祖母，五世同堂。小伙的母亲赶集去了没在家。茶叶没兴旺以前，他和母亲都去泰国打工，最近几年才回来。外曾祖母 90 多岁，每天还能喝一大碗酒，所以隔几天就要煮一次酒，也不卖，就为了给老寿星喝，小伙子说得很自然乐呵，丝毫不以为苦累

曼勒，精准扶贫宣传画面。露台上，本来有两个老人在闲坐，看到我举起相机，立马起身跑回屋里。在其他名山名寨，老人们对此已经见怪不怪，甚至还主动配合

全靠橡胶。这里离打洛口岸已经很近，如果发朋友圈找定位，第二个地标就是缅甸小勐拉。而小勐拉与打洛口岸，就一座国门之隔。

沿着曼勒再下去就到了江边，越往下走温度越高，就越适宜种橡胶树。再顺着江边走，就到了打洛口岸。我们问了几个村民，他们口中的江边是什么江，没人说得出来，很多村民甚至连勐海县城都没去过。我查了地图，这个江，其实是南览河。这条河发源于普洱市澜沧拉祜族自治县，是澜沧和勐海的界河。此河先绕过澜沧大名鼎鼎的景迈山，再流经勐海西定巴达一线，过了打洛口岸，就进入了缅甸小勐拉，先汇入南垒河，最后汇入湄公河。

糯岗

帮改

景迈大寨

老酒房

惠民

勐本

勐埂

勐

翁洼

翁基

芒景上寨

芒景下寨

芒洪

那乃

景迈山机场

景迈

万亩古茶千年香

勐遮

勐海县

景迈
万亩古茶千年香

想那个地方
青翠的山岗
山花在开放
清泉在流淌
想那个地方
青翠的山岗
野鹿撒欢
山鹰飞翔
……
想那个地方
炊烟绕夕阳
茶的摇篮
云的故乡
想那个地方
炊烟绕夕阳
山寨里的小阿妹
轻轻地歌唱
景迈山耶
千年古茶山
茶马古道上
回荡着阵阵
马帮的铃响
悠悠月光下
澜沧江边上
阿妈口弦声声
诉说岁月的沧桑
……

这是云南省原省长徐荣凯作词，歌手孙楠、曹芙嘉演唱的一首歌。一唱三叹，反复吟咏，道出了景迈山的千般秀丽、万般美好。

在云南，相信没有其他任何一座茶山具有景迈山的广阔性和特殊性。景迈山，不仅仅是一片片茶园和一个个村寨的简单叠加，它是一座集古茶群落与古老的茶文化、民族文化于一身的世界非物质文化遗产，是景迈人民的衣食之源、精神家园和灵魂皈依之地，是普洱市重点打造的一张集茶文化与茶山观光于一体的闪亮名片。

余秋雨、张国立、李连杰、马云等各路学者、明星、商界大佬的纷至沓来，则起到了推波助澜的效果。可以说，景迈山，成了众多明星茶山中最耀眼的一颗。

第一节
景迈山，历史以及族源

富裕祥和的景迈山傣寨

历史上，景迈山隶属车里（西双版纳）宣慰司管辖。

起初，因为数次征战而未能使孟连宣抚司（宣抚司比宣慰司低一级）臣服，车里傣王学习西汉笼络匈奴的先例，用了和亲政策，终以美人计成功收服了孟连傣王。作为回报，勐满、勐艮以及芒景、芒洪、翁基、翁洼、帮改、糯干等地被当作嫁妆随赠给了孟连傣王，可以说，基本把半座以上的景迈山都划了出去。一如西汉的和亲政策被反复使用，傣王嫁女也不仅一次，而是成了一种羁縻政策，好几任傣王皆是如此。

一直以来，云南，尤其是滇西、滇南，作为边境地区和瘴疬之地，从没有得到足够重视，加之少数民族又没有文字，所以确凿的历史记录已茫不可考，只知大概的时间段是从元朝开始直至清末。百越族群的少数民族多偏温和，远没有匈奴等游牧民族剽悍。而芒景的布朗族，被傣族带来的佛教教化以后，也已经是温和的信徒，所以这种联姻一直稳定持续了几百年。

从地理位置上，澜沧江从青海唐古拉山发源，进入云南境内以后，自北向南蜿蜒而下，一路皆为茶叶重镇，上游有德宏、保山、临沧，下游有普洱、西双版纳。景迈山往上，就是临沧茶区，沿江而下，最靠近澜沧江、最接近景迈山的，就是巴达、贺开、布朗山等各大茶山。因而，无论是从历史，还是从地理上，景迈山都毫无疑问应该属于新八大茶山系列。我们不要局限于现有的行政区划，不要割裂茶山之间的关联性，不强行拼凑，也不人为制造隔阂。

景迈古茶园，葡萄倒地的大树是生态环境最好的注释

景迈是一个山系，主要包含景迈、芒景两个村委会。再细分，便是我们所熟知的那些古茶寨。景迈村村民以傣族为主，间有哈尼族、佤族混居，有 700 多户人家，包含芒埂、勐本、老酒房、景迈大寨、糯干、帮改、勐蚌、南座 8 个寨子。芒景村民则以布朗族为主，有 640 多户人家，包含芒景上寨、芒景下寨、芒洪、翁基、翁洼、那耐 6 个寨子。

景迈村的傣族属于"傣艮"支系，是傣族十几个分支之一。傣艮主要分布于普洱澜沧、孟连、西盟，以及毗邻的缅甸景栋，跟西双版纳的傣泐、德宏的傣那都有所区别，相同的是都信仰南传佛教。女的也都一律名为"玉×""玉××"，男的一律名为"岩×""岩××"。早些年，山上傣族的婚嫁基本都是在本民族之间进行。后来，古树茶成了"摇钱树"以后，上山的人越来越多，思路活络且能为本地本家带来客源、收益的汉族当然是傣族姑娘们的首选。再后来，随着景迈山的知名度越来越高，世界各地的爱茶人、做茶人都上山以后，景迈山就多了不少俄罗斯、韩国、法国等一些跨国女婿。

芒景的布朗族有着更多的故事和传说。关于布朗族的茶祖兼始祖岩冷的故事以及迁徙史，已经被各种大大小小的报刊、书籍、网络以及自媒体讲透了，基本上做茶的、爱茶的都已经耳熟能详，这里不再赘述。说明一点，艾冷、哎冷、或岩（云南方言读 ái）冷，都是音译，用不着上升到学术高度。但是，相对准确的写法应该是"岩冷"。因为，岩是傣族、布朗族男性的通用名，我们没必要为了外界不读错而特意写成"哎""艾"。岩冷也常写为叭岩冷、帕艾冷。这里，"叭"并不是姓，而是一级官职，级别相当于村长、寨长，或者少数民族的部落首领、头人。他们不像汉族称为村长，而是叫"鲊""鲏"，或"叭"。这里，"叭"要读作 piǎ，而不是bā。 比如，易武茶新贵"天门山"所在的村子"马叭"，这个音只有易武本地人才读得对。在著名傣族学者李拂一所著《泐史》一书中，南宋时期统一傣族各部落的首领帕雅真，也是写作"叭真"的，"叭"其实就是"帕雅"的连读。最迟至元宪宗蒙哥始，车里土司被封为宣慰使以后，才被赐姓为"刀""召"，而"叭"则成为村寨、部落首领、头人的专用称谓。

鸡鸣雀噪、雾霭晨曦中的景迈山

第二节
景迈，万亩古茶千年香

著名作家余秋雨对普洱茶情有独钟，早些年就专门写了一本《普洱茶》单行本，后来，又把普洱茶上升到艺术高度，把普洱茶与昆曲、书法相媲美，结集出版了《极端之美》一书。这样还不够，他甚至还以他们伉俪的名字结合，做了一款景迈山普洱茶在圈子里分享。

景迈山古茶园的面积，官方数据是 2.8 万亩。当然，这是包括了周边植被和森林，实际采摘面积有一半左右应该是没问题的。景迈茶的品质与名声，和景迈山的历史与生态环境分不开。文献的记载是，布朗族早在 1800 年前，在此处发现并种植茶树，历经千百年，茶树生生不息，远离村寨，全部混生于山间森林中。这样古茶树与森林混生，正是景迈茶具有花香兰香的原因。茶树生长在森林中，鲜叶有一个呼吸吐纳的过程，一定程度上会吸收森林中的各种香气。自然地，茂密的森林又为古树茶提供了厚厚的腐殖质和水分、湿度。

车过惠民，经过一片片整齐划一的生态茶园，就进入了景迈地界。首先看到的是检查站，盘查来往车辆中是否有外界带来的茶叶，若有的话，先卸下寄存在检查站，回来再带走，这是这些年很多茶山寨子的通行做法。

通过检查站，路面全是弹石路。一路树海葱茏，随着山路盘旋上下，第一站停靠观景台。这是所有前来寻茶观光的茶友都会停留打卡的地方。观景台全木头打造，踏上"吱吱嘎嘎"的木阶，越过围栏，凭栏远眺，无限江山尽收眼底，有种天上人间的感觉。

每次上下景迈山，如果赶在早晚，都会被景迈山的日出、日落和云海惊艳到。很多摄影发烧友为此流连忘返，茶人中也不乏专业摄影师，很多人起早贪黑，风餐露宿，就为了留住这一时半刻的美景。即使你只是路过，也会为那种"白云生足底，云头奔似海"的壮美云海所惊艳，会为那种江花胜火、千里长天的日出日落而停车驻足。离开观景台，顺着弹石路上行，路两旁陆陆续续开始出现古茶树。首先进入的是芒埂、勐本两个寨子，然后左边拐进去是老酒房，右边继续上行就是景迈大寨。大寨往上就到了古树茶最集中连片的大平掌。早些年，车子可以往大寨左边上山，在古茶园中穿行，随便一停，都在古茶园包围中。后来，随着涌入的人车越来越多，为了保护古茶园，保护这片古茶树自然博物馆，车子被引导往右边绕行，过了大寨以后，车停在古茶园上方，人再步行下去。这片古茶园几乎成了景迈山古茶的形象大使，接受着来自世界各地千万人的参观、拍照、合影。整片茶园混生于各种参天林木中，蛛网百结，腐木匍地，蝉噪鸟鸣，让多少都市人大发归隐结庐之叹。

在这几个寨子中，芒埂、勐本两个寨子都是傣族寨子，这里的傣族完全不同于西双版纳坝区的傣族，坝区的傣族基本上是以水田、稻米、香蕉、橡胶为主要经济作物，通常被叫作水傣。而这里的傣族，则是种茶的民族，被叫作旱傣，如前所述，再细分，则属于傣昆支系。景迈大寨是名气最大、最富裕的一个寨子。因为大寨最接近古茶园，拥有的古茶最多，又处于交通要道，因而，大寨是最早发展起来的。家家都有初制所，茶叶畅销至世界各地，还有几家已经有一定的品牌影响力。在别的茶山茶寨，上了山的客人，如果没有熟悉的朋友、茶农，吃饭和住宿是个大问题。而在景迈大寨，饭店云集，客栈鳞次栉比，其价位档次都不比大城市差多少。

在景迈山，别的寨子都是以傣语命名，民族不是傣族就是布朗族，而老酒房显得有些另类，这是景迈山上唯一一个以汉族为主，以汉语来命名的寨子。据著名茶人白马非马调查，老酒房的先民们最早来自景谷。起初，他们从几百公里以外的景谷挑着烤酒来景迈山贩卖。在获得当地傣族头人允许后才得以定居下来，并从此以煮酒为业。再后来，以行商著称的湖南人、四川人也因为各种挑担生意来到老酒房，加入煮酒的队伍。一直以来，似乎煮酒的秘密都掌握在汉人手中，而嗜酒的少数民族

一座座漂亮整洁的乡村别墅都是拜茶叶所赐

却不会煮酒，景迈山因此多了这样一个独一无二的汉寨。汉族以酒换取周边村寨傣族、布朗族的茶叶，又把茶叶贩卖到全国各地，或者通过毗邻的缅甸卖到东南亚，促进了当地茶叶的流通与发展。

不为外界所知的是，老酒房还曾经是原国民党 93 师抗战老兵的聚集地。这些来自全国各地的老兵，在完成驱除日寇的最终使命以后，从缅甸撤回边境，解甲归田。他们长久缄默并隐居于此，现今很多后代已经成为做茶卖茶开拓市场的主力。

很多人感叹，随着景迈山的名气越来越大，民族风格的遗存越来越少，很多已经成为怀念或是仅仅停留在老照片里。好在，还有一个糯干老寨让人不失所望。景迈山上有两个古寨，糯干属于景迈村委会，为傣族寨子；翁基属于芒景村委会，为布朗族寨子。但建筑风格，寺庙规制都没太多差别。糯干老寨坐落在一个山洼里，白云青霭。寨后青山绿树，寨前溪流涓涓这是典型的傣族选址建寨的特征，背山面水，有水才有寨，有山才有靠。糯干，也写作糯岗，其实都是音译，无可无不可。因为远离大平掌，远离大路，也因为政府有意识的保护，糯干得以完整保留了传统的干栏式建筑和原始风貌。入村即一副桃花源景象：土地平旷，屋舍俨然，有良田、美池、桑竹之属。阡陌交通，鸡犬相闻。寨子里还有不少家庭式客栈，大部分人家都会在门前支个小摊，摆上茶叶和各种土特产、工艺品。通常，都是妇女们边守摊边做手工活，怡然自得。客人路过，他们也不刻意招揽，随你驻足选购，有需求了她们才应答回复，买卖两由之。

景迈山那么多寨子、那么多古茶园，除了交通最便捷的景迈大寨、芒景上寨、大平掌、糯干和翁基古寨，很多寨子总是湮没在滚滚车尘人潮中，难得为外界所知晓。它们如幽兰生于空谷，天生丽质难自弃，静候未定的知音。帮改，就是其中一朵，在人潮人海中自开自赏，等待经年。相信很多人都没有去过帮改，甚至很多景迈本地人都不知道这里还有这样一个幽微世界。早些年是因为交通不便，在申遗工作启动后，政府在景迈山投注了巨大的人财物力，使这个曾经孤悬一隅的茶山发生了天翻地覆的变化，不仅村村寨寨通连了敞阔的大道，每个寨子里阡陌纵横的小路也得以修葺，铺陈一新。

帮改是景迈山唯一一个水傣村寨，山明水秀，绿荫参差，古茶树绕村绕寨如漫天星斗散落于繁树密林间。帮改有两个最：这里是长寿村，有着景迈山最多的高龄老人，采茶时节，八九十岁的老人依然背着背篓忙碌在古茶园；这里有着景迈山最大的古榕树，十几个人手拉手才能围上一圈，独树成林，一棵树就是一片天地，一棵树收纳了帮改千年的悲欢离合、日复一日的家长里短。

帮改为傣语，意为傣王的牧场，说明这里曾经水草丰茂、土地肥美，是给傣王养牛牧羊的好地方。直到如今，帮改依然山清水秀，绿荫环绕，是景迈山拥有水田最多的寨子。家家户户大米在自给自足以外，还大量卖往其他村寨以及四邻八方。当然，古树茶才是主要的经济支柱，帮改的古树茶粗壮繁茂，条索黑亮油润，品质一看而知。古树茶面积 1000 多亩，作为一个自然村，也不可谓少了，只是因为缺乏必要的推广和宣传，没有更多的茶人知道还有这样一方水土、一方茶地。

高寿老人在景迈山比比皆是

景迈山最大的古榕树在帮改

第三节
芒景，布朗族的精神家园

要探寻景迈山的历史，翁基老寨是必去的。在芒景村委会几个寨子中，翁基，是布朗族原生态生活的日常。古旧的干栏式老屋，苍颜鬚面的老人，静谧安详的古寨，古意斑驳的缅寺……在这里，时光不可用金钱来衡量，时光只与清风白云做交换。由于阳光雨露的关照与厚爱，这里的人们可以从容淡漫，不必为生活过于奔忙劳碌。一生为逋客，几世做散仙，多少文人墨客吟咏向往的生活，在这里不过是日常。在政府的保护修葺下，翁基已经开发成一个旅游观光打卡地，见证着民族文化强大的生命力，见证着翁基生息不止的历史。

富丽堂皇的茶祖庙

翁基往下，还有一个古茶寨——翁洼。这里依然古茶成林，藤蔓满山，但是因为被翁基的大名所掩，翁洼寂寂无名，茶价还不是很高。好在只要有古树茶的地方，都阻挡不了探秘者的步伐，这里依然不乏远道而来的茶商、茶人。作者也是第一次在这里见识了少数民族的酒量。晚饭后，我们与一拨外地来的朋友自然挪到了茶台上。在饭桌上找不到酒伴的男主人，邀来了一个同寨的老庚（西双版纳、普洱一带称同龄或年龄相差不大的人为老庚），两人拎着一个烧水的大茶壶，里面装着自烤酒，一人一个钢化玻璃杯，坐到旁边的大榕树下，你一杯我一杯，用布朗话款起了白（款白，

翁基古寨一角

云南方言，拉家常）。不用下酒菜，不用客气，喝完了自己续杯。给我们泡茶的小布朗，他的女儿，时不时会提醒老人一下，他风轻云淡地回一两声，不愠不恼，继续杯来杯往。小布朗无奈地调侃说：布朗族都是卖茶不喝茶，只喝酒（尤以男老人居多）。

车过大平掌，往左，就是芒景。芒景是景迈最靠边境的茶寨，也是面积最大的茶寨。芒景，藏着布朗族的迁徙史和神话，藏着布朗族古老的传说。布朗族是一个多信仰的民族，佛教没有传入以前，他们既有原始的自然崇拜，也有祖先崇拜。自然崇拜即相信万物有灵，所以你去到芒景那座修得富丽堂皇的茶祖庙，就会看到这里供奉着树神、茶神、水神、兽神、昆虫神、土地神，而茶祖庙却又是为了纪念他们的先祖叭岩冷修建的。在这座茶祖庙没有修建以前，他们祭祀祖先的地方是叭岩冷寺，那里供奉着他们的祖先叭岩冷和他们敬爱的七公主。

翁洼古寨旧貌

在芒景，人与神是相通的、可以对话的，塑造什么样的神完全可以根据生产生活所需做出调整。到了芒景，除了众神的居所茶祖庙，还有一棵被广泛宣传与神话的大榕树——蜂神树，也是本地人必然会带你去参观的。在热带雨林，在有布朗族和傣族居住的寨子，只要开始建寨，他们无一例外都会最先种上菩提树、榕树，所以几个人才能合围的大榕树比比皆是，唯独这一棵，密密匝匝地结满了大大小小几十个蜂窝，蔚为壮观。蜜蜂一直是勤劳的象征，布朗族自然而然又将蜜蜂与他们的始祖联系起来，认为这是叭岩冷的化身，给他们送来甜蜜与福祉，所以这棵树被尊为蜂神树。

茶祖庙后面即为岩冷山，山顶有举行盛大祭祀的茶魂台，还有公主坟。祭祀分为大祭和小祭，小祭在每年的山龛节（或康，音译，勐海的布朗族则写作桑衎节），也即泼水节期间举行，大祭则三年举行一次，伴之有隆重的剽牛活动。祭祀的目的，一是感谢叭岩冷的引领与恩赐，二是感谢各路神灵曾经的庇护并祈求他们继续庇护。而公主，就是傣王的女儿——七公主。当年，叭岩冷带着布朗族先民不远千里迁徙来到这片土地，为了笼络住这位能干的头人，傣王不惜让自己的女儿下嫁。美丽善良的七公主，如文成公主一样不辱使命，受到了全族的爱戴。她给景迈山布朗族人带来了安宁与福祉，带来了先进的生产力。在芒景，山山寨寨，一草一木都留存着叭岩冷与七公主的痕迹，仿佛他们从未离去，一直在暗中护佑着他们的子孙。

蜂神树

其他茶山拾遗

第一节　曼夕，路漫漫其修远兮

曼夕，一个浪漫而陌生的名字，即使在专业的茶圈子里，都不一定有人知道，目前依然门前冷落鞍马稀，虽然曼夕有着连绵成片的古茶园和不逊于任何其他山头的古茶树。

与其他名山头车流滚滚相比，去曼夕的一路上，仅见到几辆农用车、三轮车，两三个骑摩托采茶回来的茶农。看到有外来的车辆进入，他们总是满怀希冀地把车速放慢，希望有人招呼他们，希望来者是买茶的茶人、茶商。对于我们来说，初进曼夕，也是一路打探，一路需要有人指路。所以都能在擦身而过时，彼此停下车辆。

曼夕，隶属勐海县打洛镇。打洛口岸为国家一级口岸，国门这边是中国，国门那边是缅甸小勐拉。小勐拉隶属缅甸掸邦第四特区，在疫情没有发生以前，每年都会在国门这边举行隆重的边交会。近几年，一是因为疫情影响，二是由于缅甸零星的战乱，国门已经完全关闭。除了口岸附近的村民，外来人员远隔几公里就不允许再往里面走。

行路难

我们是早几年去的打洛。在口岸附近问曼夕怎么走，大多数人都会告诉你：就在打洛镇政府后面，不远，一公里左右就到了。而去到一公里以外的曼夕，你才明白，此曼夕乃曼夕新寨，而古茶树在曼夕老寨，还山遥水远。

本以为，村民口中十多公里就能到的老寨，眨眼就会到了。哪知，这十多公里，费了一个多小时。途中，岔路丛生，不时得停下来问路。越走越庆幸，还好，开的是四驱皮卡。不然，这一路，虽不至于说后果不堪设想，但也实属心有余悸。险象环生的山路，一眼望不到底的万丈深谷，随时都在考验着我们的心理防线。多亏了司机老李师傅，在勐海茶山风来雨去这许多年，保证了我们的安全。

一路上遇到的茶农，都很热情地给我们指路。他们人搬到了新寨，但茶地、茶树还在老寨，采茶还得上山来。一个晒得非洲人一样漆黑的布朗族茶农，不但给我们留下电话，邀请我们到他家喝茶，还善意地提醒我们，这里是中缅边境，有很多缅甸茶混在其中冒充曼夕茶，买茶的话要小心。一对采茶归来的夫妻，紧捏着摩托刹车闸，从笔直的山坡滑下来，耐心地回答着我们的问题。其时已经是下午三点多，他们一

曾经的曼夕老寨

丈量茶树　　　　　　　　　　　　　　　　　　　藤木和谐共生

天的劳动成果仅仅是一小挎包的鲜叶,制成干茶后不过几两而已。但好歹也是古树茶,没有以前那么廉价了。

老李的技术再好,皮卡再怎么努力都爬不上最后一个山坡了。我们只好把车停在路边,步行上山。伴着扑面的清风,步行半个小时左右就来到了此行的朝拜目的地。虽然之前有一定的心理预期,但还是远远超出了我们的想象,整片整片的古茶园和高大粗壮的古茶树,绝不亚于其他大名鼎鼎的山头。也正因为不知名,这里的生态环境之清幽和植被之丰茂也远比其他山头要好得多。大家都发现新大陆似的不停地拍照。习惯使然,我则不停地发现下一棵、再下一棵更加粗壮的古茶树,不停地用卷尺测量每一棵新发现的古茶树的树围,企图找出这里的茶王。在这里,六七十厘米基围的古茶树比比皆是,在我们有限的几个小时的寻访中,八九十以至一百多厘米树围的也不少,而最大的茶王树围则达到了206cm。 这里, 海拔1650 米;这里,连着周边的植被计算,有着面积不小于1000 多亩的古树茶;这里,是远离热浪滚滚的名山头以外的古茶追梦人的又一圣地。

返程的路上，我们又特意折回曼夕老寨做了一个短暂的走访。据老寨的村长介绍，由于这里山高路险，交通极为不便，大多数村民都已经搬到新寨定居，只是老寨的茶地、茶园依然是他们延续生活的衣食之源。这几年，在古树茶之风的带动下，曼夕茶也逐渐得到了市场的青睐，头春茶也卖到了上千元一公斤。老寨已经只剩下几户人家居住。除了茶叶，无边的山花山草和野树野果，是天然的牧场，饲养山羊，是村民们的又一经济来源。

曼夕曼夕，于现实的路而言，果然路漫漫其修远兮！于市场而言，曼夕茶藏在深山人未识，离崭露头角还有待时日。

西双版纳最隆重的节日——泼水节的分会场，地点就在打洛口岸，每年随泼水节一起举办。既是中缅两国人民商品交易的盛会，也是两国人民的联谊会（新冠肺炎疫情前）

199

第二节　曼糯，再次沸腾的茶马重镇

在行政版图上，曼糯属于勐海县勐往乡，地处勐海最北端。在茶山地图上，曼糯则紧挨着普洱的澜沧，甚至这里的民族都是从澜沧迁移而来。而在茶气、茶味上，曼糯的茶有着与勐海茶完全不一样的风格，没有勐海茶的浓酽味重，反而更接近澜沧茶的醇厚柔滑。

这是一个在交通闭塞的年代，连接普洱和西双版纳的茶马重镇。在以马帮和人力为主要运输工具的年代，西双版纳的茶几乎都要先经过曼糯，再经过糯扎渡，运到普洱去集散交易。如今，去到曼糯的线路依旧，只是没了山间铃响马帮来，现代化的交通工具每日川流不息，这么远的地方也阻挡不住天下茶友寻茶的脚步。

从勐海县城出发，经行勐阿，就进入了勐往地界，从县城到勐往镇上，行程大约七八十公里。以前公路没连通的时候最少也得一天的行程，现在去勐阿或勐往都是平整的柏油路连水泥路，一两个小时就可到达。从勐往镇上去到曼糯看古树茶，路就明显不友好起来，不仅陡峭，还弯弯绕绕，还好，得益于扶贫攻坚政策，现在这里也已经全部都是水泥路。

勐往是块富饶之地，在勐海也是排得上号的大坝子，一路所见，都是绿荫如盖的香蕉林和金灿灿的稻田。成串成串的香蕉用蓝色塑料袋套着，沉甸甸地挂满香蕉树。香蕉树以上一直到半山腰，则是热带雨林坝区常见的橡胶林。去往曼糯，就是一个穿过香蕉林，又在盘山路上回环往复把橡胶林抛在身后的过程。茶叶没有发达起来之前，这里的经济收入主要是靠香蕉和橡胶来支撑。如今，青山遮不住，曼糯的古树茶成了备受欢迎的硬通货。山上的布朗族同胞也赶上了坝区傣族的步伐，靠着当年只堪用来换盐巴的古树茶，短短几年就赶超了曾经让他们羡慕的坝区生活。

曼糯有三个寨子，中寨和上寨村民基本都是汉族，也有部分拉祜族杂居，这部分拉祜

山远、路远、水远，野象神出鬼没，也没能阻挡曼糯古树茶走出深山走向世界

族就是从临近的澜沧或搬迁、或上门而来；大寨都是布朗族，这是个有着110多户人家的布朗族大寨，是个有别于勐海其他布朗族的寨子。一般而言，在西双版纳，有干栏式楼房，有布朗族的寨子，必有缅寺。本书已经多次提到，西双版纳的布朗族因为受傣族影响太深，语言、文字、习俗、信仰都趋近于傣族，信仰小乘佛教。而曼糯大寨，虽然居住的是布朗族，却没有缅寺。这是一个受汉族影响更深的寨子，因为当年作为茶马重镇的曼糯，来来往往的多是汉族、彝族、白族甚至藏族的马帮和背夫，汉族和外来文化让他们有别于别的布朗族，免于傣族文化的强势渗透。

这是个有着2000多亩古树茶的大茶村，古茶树就环绕在寨子周围，直至山顶。田地里都是古茶树的曼糯，在一批批专家学者和媒体、茶人、茶商的发掘和宣传下，渐渐得到外界的重视和造访。尤其是在古树茶之风的热浪中，曼糯茶一路高企直上，以其卓异的品质和自成一派的风味，赢得了普洱茶友们的追捧和喜爱。曼糯不但茶价走高，还吸引了多家茶厂在这里投建初制所。这里的古树茶也成了"皇帝的姑娘不愁嫁"，春茶时节，有的人家甚至持茶待价而沽，价高者得，其价格和知名度也进入勐海古树茶的第二方阵行列。

从茶地里俯瞰关双寨子

第三节　关双，最边的寨，最混搭的民族

关双一直徘徊在古树茶的话语圈外。即使山头茶已经热了这么多年，知道关双的人依然少之又少。

关双位于勐海县最西北的勐满镇。知道勐满的人应该多一些，这是从勐海去景迈山、去勐库必经之地，过了勐满，就是景迈山。我一直觉得这是一个宣传不到位的地方，每年，那么多人路过勐满去往景迈山、去往勐库，如果在勐满镇上去往关双的岔路口竖一个广告牌，甚至一个稍微显眼的路标——关双古茶山，估计很多人都会因此进去。要知道，真正爱茶之人，无论跑了多少茶山，喝了多少好茶，但凡知道哪里有个未经开发、未经炒热的古茶山、古茶寨，都会一往观瞻、一探究竟。

勐满是个很小的集镇，只有两条主干道：一条纵向的穿镇而过，镇政府就在路边；另一条横向的就是去往关双村的岔路，镇中心学校和医院在这条路上。在路边随便一问关双怎么走，大家都会很热情地告诉你："顺着金矿这边走，一路都有指路牌。"

层林尽染橡胶林

不往里走，你都不知道这里还有这么大一片金矿，绵延几公里。坑坑洼洼的路边，全是各种矿坑、矿山，机器穿梭往来作业，一片繁荣。顺着金矿往上走，沿途将近一二十公里，都是做茶人不太喜欢的一个物种：橡胶林。凡有橡胶林的地方，茶基本都废了。如果是执拗极端的茶人，看到有这橡胶林，基本是转身调头走人了。常年在茶山行走，起初也有这种偏执，慢慢地看多了、走多了，就知道走出橡胶林，到了山顶，也许会有惊喜，无限好茶在远峰。但低海拔地方的胶茶间作，一直是我极端痛恨且不能接受的，当年还进行了大力推广和种植，凡是低海拔一些的坝区以及半山腰概莫能免。这个地方的橡胶林还算得上小有规模，我们去的时候，正是隆冬时节，虽然这里是热带雨林，很少有寒冷天气，但时令的影响依然存在。春茶时节的漫山碧透，换成了现在的万山红遍，不走近，都不知道这是橡胶林。

走完胶茶间作的橡胶林，又是一路甘蔗地。以前，橡胶、甘蔗都是西双版纳主要的经济作物。这几年，胶价跌得厉害，很多有茶的地方，尤其是有名山、名寨的茶村，懒得再去管理橡胶林，甘蔗也早已不种。而这里，一路上经过的村寨、挂在橡胶树上的胶碗、已收待收的甘蔗林、躬身匍地在平整田垄的村民，都揭示着这里依然没有靠茶叶富裕起来，依然延续传统的农耕与劳作。

两个小时的弯路，说长不长，说短不短，山路一百八十弯已经是司空见惯，好在都已经铺成水泥路面。随着一个个村寨被甩在身后，橡胶林淡出，植被越来越好。经过两个疫情堵卡点，关双也到了。

远远的，看见寨子高处的缅寺，以我颠扑不破的经验，这是个布朗族寨无疑。我有一个习惯，到了有缅寺的寨子，都会去庙里走走看看，拜访一下寺里的大佛爷。因为关于寨子的变迁以及历史，庙里大都会有记载，大佛爷也是寨子里相对有文化的人，从他们口中会获取很多信息。关双的缅寺却只有一个佛爷，没有小和尚，这很少见，很多寨子的缅寺多多少少都会有一两个小和尚。因为在傣族、布朗族的观念中，男孩子是一定要当小和尚的，不然不算成人，不算男人。但现在当小和尚的时间已经很宽松，一个月半个月都行，没有之前至少一年半载的严格要求。我们问佛爷怎么没有小和尚，他说都去学校读书了。再问这是个布朗族寨吧？结果佛爷说，他们是佤族，是从缅甸迁来的佤族，讲的也是佤族话，但身份证上是布朗族，布朗话他们也听不懂。我问佛爷："那您会说傣话，会写贝叶经吗？"佛爷不好意思地笑了笑："以前不会，现在会一点了。"因为要出去交流，也有外边的信徒和佛爷来这里交流，

疫情堵卡点背着小孩值班的村民

204

勐满金矿

他们跟我一样，当然以为这是一个布朗族寨，也信仰小乘佛教。来的人多了，问的人多了，佛爷也只好开始学习傣语、傣文。

这是一个中等大小的寨子，有 130 户人家，古树茶有两三百亩，一年有一两吨的产量，有些还是矮化过的。大树茶产量多一些，一年有几十吨，这大概也是这个寨子一直寂寂无名少人问津的原因，要量吧没多少量，要特点吧特点又不是很明显。生态环境，依然很好，抬眼一看，山那边就是景迈古茶山。

勐满除了金矿、古树茶两个宝，还有一个鲜为人知的宝贝——白肢野牛，也叫印度野牛，俗称"白袜子"。这是世界上最大的野生水牛，最重可达 1.5 吨，在中国只有云南有，主要集中于西双版纳勐满和普洱惠民、糯扎渡交界这一带。保护所的工作人员苦苦追踪了一年多才跟拍到它们，约有 20 头。另外在西双版纳曼搞自然保护区、勐宋纳板河流域国家级自然保护区，也有零星发现。偶尔，白肢野牛会特意跑到金矿来喝水，因为矿坑的泥水里含有盐分。它们通常都是在悄无声息的清晨，人类还在睡梦中的时候出现。这些庞然大物，比起人类来，还是弱者，它们不敢招惹人类。

附录：西双版纳民族文化

一 傣族文化简述

傣族，又称泰族，是泰国、老挝主体民族，缅甸第二大民族。中国、印度、越南、柬埔寨等国的少数民族。傣族源于澜沧江、怒江中上游，曾多次在云南高原建立政权，后因中央王朝及其他民族的强大和征伐，生存空间逐渐被挤压，向中南半岛及南亚次大陆迁徙，目前有人口约 7000 万。傣族是云南特有民族，也是一个跨境民族，境内人口 100 多万，主要聚居在西双版纳傣族自治州、德宏傣族景颇族自治州和耿马、孟连、新平、元江等县，小部分散居于景谷、景东、金平、双江等县。

傣族先民为古代百越族群，南北朝至唐中期，西双版纳境内已形成 12 个傣族部落。汉朝称为"滇越""掸"；唐代称为"金齿""银齿""白衣""茫蛮"；宋代沿称"金齿""白衣"；元明称为"白夷""夷"；清代则多称为"摆夷"。在云南境内，因居住环境、地域、习俗不同，分为"水摆夷"（水傣）、"旱摆夷"（旱傣）、"花摆夷"（花腰傣）等。第二次世界大战后，各国政府将分布在各自境内的傣族分别命名，泰国、柬埔寨、越南等国仍命名为"泰"族，老挝命名为"佬"族，缅甸命名为"掸"族，印度命名为"阿萨姆"族，在中国被称为"傣"族。

傣族历史悠久，文化丰富多彩，有自己的历法、语言文字，并以丰富的民族民间文学艺术著称于世。傣语属汉藏语系藏缅语族壮傣语支。全民信仰小乘佛教，视孔雀、大象为吉祥物。傣族人民喜欢傍水而居，有"水的民族"的美称。傣族主要聚居在热带、亚热带的平坝地区，村寨多临江河湖泊，住宅通常为竹楼，翠竹环绕，绿树成荫，环境优美。

傣族节日。傣族有很多节日，最具代表性也最隆重的为泼水节，其次就是关门节、开门节。泼水节是傣族人民送旧迎新的传统节日，相当于汉族的春节。人们认为互洒清水可以消灾弥难，节日里互相泼水祝福，也可以以水表达爱慕。柬埔寨、泰国、缅甸、老挝等国也过泼水节，泼水节一般在傣历六月中旬（农历清明后 10 天左右）举行，是西双版纳最隆重的传统节日之一。节日里举行泼水、丢包、放高升、赛龙舟、赶摆、赕佛、章哈演唱和孔雀舞、白象舞等。关门节到开门节一般为 3 个月，3 个月期间，禁止婚嫁，禁止一切娱乐活动，之间会举行一次最为盛大的"赕佛"典礼，其规模和参与人数超过泼水节期间的赕佛，从领主、土司到平民百姓，都要按"佛规"以食物、经书、鲜花、衣物、金银等献给佛祖佛爷。

建筑文化。傣族民居受气候、海拔、地形、建筑材料等自然环境和人口、经济、宗教等社会环境的影响。早期，水傣的民居为竹楼，傣家竹楼闻名世界，竹楼是傣族人民因地制宜创造的一种特殊民居。西双版纳是有名的竹乡，大龙竹、金竹、凤尾竹、毛竹多达数十种，遍布房前屋后、山阴水滨，都是筑楼的天然材料。后随着经济发展改良为干栏式民居，楼上住人，楼下蓄养牲畜或堆放杂物，主要以西双版纳、德宏瑞丽傣族民居为代表。而元江、红河一带的傣族民居则以厚重结实的平顶土掌房为代表。

宗教信仰。傣族笃信南传上座部佛教，俗称小乘佛教，小乘佛教源于古印度。公元前三世纪经斯里兰卡、泰国、缅甸，传入西双版纳，至今有 1000 多年的历史，在傣族人民生活中有着主导地位。傣族文化都荟萃于佛寺，仅古老的贝叶经书在西双版纳佛寺中就有 8 万多卷。许多和尚精通傣文经典、天文历法、医药卫生，被当地群众尊为最有学问的人，百姓有疑难往往去寺庙请教和尚，取名也会请佛爷取。小乘佛教戒律较为宽松，剃光头而不烧戒，没有严格的学习任务，没有严格的受戒时间，还俗后可以结婚。在傣族人的传统观念中，认为男人若不出家为僧，就是"岩里"（生人），会被人瞧不起。所以，小男孩到了七八岁都要去寺庙里当一段时间的小和尚，以前时间较长，短则一两年，长则十年八年。如今，随着汉文化的推广和义务教育的普及，当小和尚的时间越来越短，甚至不再强行要求。

西双版纳的小乘佛教有七级、八级教阶两种说法。第一级叫"帕囡"，即小和尚，第二级"帕朗"，是佛爷中最低的一级，第三级"帕听"，第四级"帕沙弥"，第五级"帕桑"，第六级"帕松列"，第七级"帕召苦"，最高一级"阿戛木里"（阿嘎牟尼）。另一说八级分别为：帕、都、祜巴、萨米（沙弥）、桑卡拉扎（尚卡腊甲）、松溜、阿嘎牟尼、帕召庿。七级教阶采用第二种说法，没有"帕召庿"，因为帕召庿已经属于活佛。一般来说，七级中，前两级升迁比较容易，而三级以上的升迁则难度逐渐增大，必须由宣慰使或土司批准委任，升为都、祜巴以后，就很少还俗。

语言文字。傣族有自己的民族语言和文字。傣语属汉藏语系壮侗语族壮傣语支。主要划分为两种方言，德宏方言和西双版纳方言。傣族有拼音文字，各地使用文字略有不同，西双版纳傣文为傣泐文（圆形傣文）、德宏傣文为傣那文（方形傣文）。傣文都来源于古印度字母（婆罗米字母），与老挝文、泰文、缅甸文属于同一体系。1955 年，曾经国家批准，使用过 42 个声母的新傣文，后来鉴于傣族古籍文献都是用的老傣文，且老傣文在泰国、缅甸、老挝、越南等地普遍被使用，为了传承傣族文化，1986 年又恢复了老傣文。

傣族取名。傣族是有名无姓的民族。傣族取名，男性名字前通常冠以"岩"（aí），女性名字前冠以"玉"，男子称为岩××，女子称为玉××。名字多以出生时的顺序、排行、吉语命名，或请寺庙里的佛爷取名。一般而言，长子、长女多取名为温、应、香、贯。对应名字即为岩温、玉温；岩应、玉应；岩香、玉香等。次子女一般取名为罕、教、涛、万、光、尖等，如岩光、玉光；岩罕、玉罕；岩尖、玉尖等。最小的子女，通常取名为腊、约等，如岩腊、玉腊；岩约、玉药。有的名字，有着明显的降生顺序，如岩燕、岩刚、岩腊，燕为长，刚为次（中间）、腊为末；有些名字又明显地反映了父母的美好心愿，如在名字中加恩（银）、罕（金）、皎、香（珍珠）等字，将子女名字冠之以岩×罕、玉×罕；岩×香、玉×皎等。这种命名方法，极易造成重名，一个村寨内如果出现几个名字相同的人时，就以大、小、上、中、下等加以区别，如岩温龙（大岩温）、岩温囡（小岩温）、岩温讷（上岩温）、岩温代（下岩温）等。

有名无姓，这是针对平民而言。傣族的贵族是有姓的，最早来源于元朝中央政府的赐姓，比如宣慰使、各封地土司，不仅沿袭了祖上分封的领地，姓氏也袭用，主要有"刀""召"，贵族男女都可以之为姓，而有的贵族女性，又会以"南"为姓，其取名方法，则与平民无异。

全国重点文物，始建于康熙年间的景真八角亭

参考文献：

《西双版纳傣族自治州民族宗教志》，云南民族出版社，西双版纳傣族自治州民族宗教事务局编
《云南民族史》，云南大学出版社，尤中著
《云南民族通史》，云南大学出版社，朱映占等著
《西双版纳傣族的历史与文化》，云南民族出版社，高立士著
《西双版纳傣语地名研究》，中央民族大学出版社，戴红亮著
《傣王宫秘史》，云南美术出版社，征鹏著

布朗山乡布朗族桑康（衎）节，有的地方写作山康节，是布朗族最重大的节日

二 布朗族文化简述

布朗族是云南特有的少数民族，主要集中在普洱、临沧、西双版纳等边境州市，尤其以临沧市双江县和西双版纳州勐海县为最多也最为集中。布朗族是云南15个跨境民族之一，境外布朗族主要集中在缅甸，与中国境内的布朗族山水相连且同族同宗，甚至还有着血缘亲缘关系。

布朗族有多种自称与他称。由于居住地不同，语言习惯不同，称谓也不尽相同，居住在西双版纳的布朗族通称为"布朗"。布朗族有自己的民族语言，布朗语属南亚语系孟高棉语族佤德昂语支，分为布朗和阿佤两大方言，但都是口口相传，没有本民族文字。聚居在西双版纳的布朗族以傣文（语）和汉文（语）为主，临沧的布朗族则佤语和汉语兼用。

西双版纳的布朗族因长期处于傣族土司的统治之下，生活的方方面面都深深地打上了傣族的烙印，不但人人都使用傣语，书面文字也是傣文。甚至很多地方，年轻的布朗族都不会说本民族语言，而说的是傣语，各种政务公文、函件也是傣文写。除此以外，平时布朗族算账、记事等也都使用傣文。和傣语、傣文相比，布朗山乡布朗族接触汉语、汉文的历史并不长，当然，这是二三十年以前的事了。在起名上，布朗族也刻着傣族的烙印，男性名字前一律为"岩"，女性名字前一律为"玉"，跟傣族一样。只不过傣族"刀""召"等由中央王朝赐予贵族的姓，布朗族是禁止使用的。

宗教信仰方面，布朗族最早信仰的是原始宗教，包括自然崇拜、图腾崇拜、祖先崇拜等。后来傣族领主为了加强对布朗族的统治，以南传上座部佛教为先导，派佛爷进入山区传教。传教之初也曾遭到抵制，后来才被慢慢接受。这是很久远的事了。

布朗族村寨一般都盖有寺庙（通称为缅寺），男童到一定年龄后必须到寺庙里当一段时间的小和尚，短则几个月，长则数年，除了诵经念佛，还得学用傣渤文写佛经。过去，布朗族常把寺庙与学校等同，在学校教育未实施前，寺庙是他们学习文化知识的唯一通道。精通傣文并成为佛爷的男性还俗后被尊称为"康朗"（意思是有知识的人），傣族土司一般选择他们做头人管理村寨。如今，当小和尚变成了自愿，虽然大部分男童还是会去到寺庙当小和尚，但当小和尚的时间远远缩短且来去自由。

布朗族信仰、教阶与傣族一样，三级以上佛爷的升迁都要经过傣族土司的批准，一般很少能升到五级以上，八级则无可能。但即使是第一二级的升迁，都是件隆重的事情，升佛爷则更加隆重，无论何种升迁，全寨子都会大宴宾客，十里八村的亲戚朋友都会赶来祝贺，喝酒唱歌跳舞三日不息。

布朗族能歌善舞，有着丰富的民间歌曲与舞蹈文化。"布朗弹唱"被列入国家非物质文化遗产。布朗族的节日，除了泼水节，数开门节和关门节最隆重，一般少则7天，多则半月有余，一样是喝酒唱歌跳舞，广邀宾朋参与。以前，布朗族的赕佛是一项重大的宗教活动，但如今，已经衍化为盛大的群众聚会，或者喜庆的节日，虽然佛教内容必不可少，但更多是以娱乐为主，参与的人群也不仅限于本民族，所有人都可以参与。

参考文献：

《西双版纳傣族自治州民族宗教志》，云南民族出版社，西双版纳傣族自治州民族宗教事务局编
《云南跨境民族文化初探》，中国社会科学出版社，和少英著
《云南民族史》，云南大学出版社，尤中著
《云南民族通史》，云南大学出版社，朱映占等著
《茶韵千古——布朗族》云南人民出版社，俸春华著
《布朗族简史》，民族出版社，编写组编写

三 哈尼族文化简述

关于哈尼族的起源，存在不同的说法。"氐羌系统"南迁说是比较流行的观点。该说法认为哈尼族与彝族、拉祜族等云南省境内十几个彝语支系的民族同源于古代氐羌部落。

哈尼族主要分布在滇南一带，包括红河州、西双版纳州、普洱市和玉溪市。哈尼族见于汉文史籍的名称，有和夷（蛮）、和泥、窝泥、阿泥、哈泥、阿卡等，自称多达 30 余种，以哈尼、僾尼、卡多、雅尼、豪尼、碧约、布都、白宏等自称的人数较多。国家正式进行民族识别后，以人数较多自称"哈尼"的一支为统一名称，生活在西双版纳的基本都属于哈尼族中的僾尼支系，僾尼支系里又细分为吉维、吉坐、木达、阿克、补过等更小的分支。

哈尼族有自己的语言，属汉藏语系藏缅语族彝语支雅尼次方言。内部可分哈（尼）僾（尼）、碧（约）卡（多）、豪（尼）白（宏）3 种方言和各地土语。哈尼族原无文字，20 世纪 50 年代，国家语言文字工作委员会以红河州绿春县大寨语音为标准，为其创制了一套拼音文字，但并没有得到广泛的认可，目前仍处于推广试用中。

建筑风格上，各地哈尼族有着自己的特色。比如，红河一带的就是传统的蘑菇房、土掌房，而西双版纳的僾尼则受傣族的影响，以干栏式结构为主要特点。随着社会化进程的加快和现代商业文明的渗透，越来越多的民族民居都失去了自己的特色，向着红墙蓝瓦和钢筋混凝土靠拢。

哈尼族文化中，最有趣的莫过于父子连名。

当问到僾尼同胞名字的时候，很多第一次到西双版纳的朋友都很疑惑，觉得这些名字怎么那么稀奇古怪。比如，一批、二土、当三、财四、作五；比如，勒住、当初、纠爬、搓边。他们总喜欢问一个问题，那你姓什么？

僾尼朋友都很无奈地回答，我们没有姓，就叫这个名字。没有姓，这让不了解云南民族文化，尤其是僾尼人起名习惯的朋友很想不通。特别是名字里那些古怪而意义并不见得好的用字，也是他们觉得不可思议的。

南糯山盛装的哈尼族同胞

严格说来，哈尼族其实也并非没有姓，他们的姓，是宗族或胞族姓。比如，"妈热""伊娘"，这个"妈热""伊娘"就相当于汉族的赵钱孙李一样，只是他们没有像汉族一样，叫赵云、李逵，没有叫妈热·纠爬、没有叫伊娘·追三，而其实质，就相当于欧美的乔治·布什、亚伯拉罕·林肯一样，有名有姓。

古代羌族就有父子连名的传统，如前所述，哈尼族是古代氐羌的分支。在很早的哈尼族名字里，很多都是三个字，连名的时候，或连后两个字，或连最后一个字。再后来，连名的传统延续，但名字基本都是两个字。

以哈尼族唐盘芒支为例：
尊唐盘（895 年）—唐盘芒—芒活汤—活汤淮—淮利鸟—鸟气然—然汤奔—奔先连—连竜播—播满波—满波威—威蚁—蚁当—当且—毛给—给千—千当—当参—参优—优片—片的……锉飘—飘且—且黑—黑飘—飘搓……

尊唐盘为哈尼族第十四任部落酋长。尊唐盘之前的十四代，为哈尼族共同的始祖：松咪窝—窝推雷—推雷总—总媄院—媄院驾—驾提锡—提锡利—利跑奔—跑奔吾—吾牛然—牛然错—错媄威—媄威尊—尊唐盘。也就是说，在尊唐盘之前哈尼族的族谱是共同的、一致的谱系。在这段时间哈尼族无任何分支，有着共同的祖先。尊唐盘以前，都是单代单传，这有点像封建社会的嫡长子继承制。从尊唐盘开始，形成了多胞族、多宗族的部落。他为哈尼族的繁衍生息，发展壮大作出了重大贡献，被称为"百子之母"。

回头看这个支系，我们可以看出来，在"满波威"向"威蚁"过渡的时候，三个字变成了两个字，这又是个节点。什么节点？三个字名以前为胞族宗族谱系，转入两字后成了家庭谱系，家庭谱系又各自形成了若干的分支，这些若干分支，又加速了哈尼族的发展壮大。

其次，也出现了"当且—毛给"这种并未连名的个例。出现这种情况的原因，一种情况是其中有一代父系祖宗为非正常死亡，其名不能载入宗谱；再一种情况是因某代断子，无人可续宗谱时，举行祭祖仪式，以舅父"阿威"的名义给外甥女命名，外甥女在这里就是男性的化身，既承担了延续香火的使命，也担当了续谱的责任。还有，误传也是造成谱系不准的一个因素。

此外，还有一个现象，我们从这里做一个细化，把兄弟姐妹都列出来：
锉飘—飘且—且黑—黑飘—飘搓……

飘润	且梭	黑刀	飘热
飘则	且药	黑秀	飘咱
飘特	且农	黑通	飘先

从这里可以看出，从飘且——飘搓，中间隔了两代人，都是以飘字开头。因为间隔不是很远，这个还基本上可以记得住，也不会跟祖辈重复。但若隔得代数比较远，怎么办？一不小心，就会起个跟祖辈相同的名字。所以，僾尼人以前的传统是，每个僾尼人都得会背祖宗的族谱，不然，会成为罪人或无能之人。如今的年轻人都已不会背，能记得最近三四代就不错了，跟祖宗重名在所难免。当然，这是在起哈尼名字的前提下，如果起汉名，这个担忧就属多余。

父子联名，如是以汉字相连倒还容易规避，而很多哈尼村寨依然沿袭着按数字排行连名的习惯，加之没有姓，隔几代或仅隔一两代重名的情况更加难以避免，一个寨子里几个同名的也是常有的事。比如，一个小伙子叫二四，他们家最近几代的连名如下：

阿四
↓
四大、四二、四三、四四
↓
二大、二二、二三、二四
↓
四大、四二、四三、四四

二四的爸爸是四二，伯伯叔叔是四大、四三、四四，而他的孩子，如果不加汉字而纯粹以排行来起名的话，仅隔一代，岂不就跟爷爷辈重名了？这种纯粹以数字排行起名的方法，显示了其落后与不可操作性，大多哈尼寨子现在都采用了汉字加排行的方式，或者两个都是汉字的方式来起名。比如：

飘三——三第——第一
飘二——二荣——荣耀

如今，随着茶叶收入带来的经济发达，哈尼族接触外界的机会越来越多，很多地方已经汉化，名字也起成了汉名。而又有一些，在接受了汉文化的影响以后，回头还是觉得自己的父子连名更有民族特色，于是摒弃了学校或老师给他们配置的汉名汉姓，恢复了他们的哈尼名字，名字也取得更科学一些，而不仅仅是数字符号。

西双版纳少数民族还有三个名字的现象，这主要表现在哈尼族和布朗族中，一个本民族名、一个汉名、一个祭祀名。在寨子里叫本民族名字，在学校里叫汉名，而祭祀名，只有在祭祀祖宗时才会用到，属于秘而不宣的。

参考文献：

《西双版纳傣族自治州民族宗教志》，云南民族出版社，西双版纳傣族自治州民族宗教事务局编
《云南跨境民族文化初探》，中国社会科学出版社，和少英著
《云南民族史》，云南大学出版社，尤中著
《云南民族通史》，云南大学出版社，朱映占等著
《哈尼族文化新论》，云南民族出版社，李期博著
《哈尼族文学史》，云南人民出版社，史军超著

四 拉祜族文化简述

拉祜族源于古代氐羌人。公元4世纪初，为躲避战乱由青藏高原南迁进入西南，后定居云南。拉祜族总人口约60万，其中云南省内约有45万，主要分布在澜沧江西岸，北起临沧、耿马、双江，南至西盟、孟连、澜沧、勐海等县，其中澜沧县是全国唯一的拉祜族自治县，近50%的拉祜族总人口都居住在该县内，其余零散分布在澜沧江以东的景东、镇沅、景谷、思茅、普洱、元江、墨江、江城等县。拉祜族为跨境民族，缅甸、泰国、越南、老挝等国家也有16万多拉祜族。

拉祜族有"拉祜纳"（黑拉祜）、"拉祜西"（黄拉祜）和"拉祜普"（白拉祜）三大支系，还有锅锉、果葱、苦聪、黄古宗、倮黑、黄倮黑、老缅等各种小支系与自称。新中国成立后，统称"拉祜"。拉祜族语言属于汉藏语系藏缅语族彝语支，分为拉祜纳、拉祜西两大方言，还有拉祜苦聪、拉祜老缅、拉祜阿列几种方言。西双版纳拉祜族大部分属于黑拉祜，俗称"老黑"。"老黑"一语应该是拉祜族古老的称谓"倮黑"的变音，并没有歧视之意。

拉祜族被赋予两种民族特性，一是被称为猎虎的民族，二是从葫芦里出来的民族。猎虎的民族，源于拉祜族祖先猎杀老虎的故事，从葫芦里出来的民族则更为拉祜族同胞普遍接受和认同。据拉祜族创世传说《牡帕密帕》记载，拉祜族祖先"扎迪""娜迪"

原本在葫芦里孕育长大，而后葫芦被老鼠咬破，两人才得见天日。所以，葫芦是拉祜族的吉祥物，在传统的拉祜族寨子或家庭里，到处都有大大小小的葫芦或葫芦状物件点缀装饰。葫芦，也是中国千年以来的吉祥物，葫芦谐音福禄，多福享禄的意思，国画题材里也每每可见。而在另外一种语境中，葫芦又是用来装酒的，不知是先天的巧合还是民族性使然，拉祜族确实又是一个极其好酒的民族，这样，葫芦就有了双层含义与效用。

在西双版纳，拉祜族和布朗族、哈尼族一样，有名无姓。男名通称为"扎×"，女名都为"娜×"，这是源于他们的祖先"扎迪"和"娜迪"。拉祜族的小孩，一般在出生 12 天后命名。其命名方法有按生肖命名、按时辰命名、以花草命名、以体形命名等几种。和汉族一样，拉祜族也以 12 种动物为生肖，其对应称谓为：发（鼠）、努（牛）、拉（虎）、妥（兔）、倮（龙）、思（蛇）、母（马）、约（羊）、莫（猴）、阿（鸡）、丕（狗）、娃（猪）。因此，按生肖命名就是：属鼠日生者，称为扎发、娜发；属牛日生者，称为扎努、娜努；属虎日生者，称为扎拉、娜拉……以此类推。

挑拣黄片的拉祜族阿婆

若以孩子出生的时辰命名，则以拉祜语对该时辰的称呼为名，拉祜语称黎明为"体"，此时降生的孩子名即为扎体、娜体；拉祜语称日出为"朵"，此时降生的孩子名即为扎朵、娜朵；同理，中午降生者，就叫扎格、娜格；黄昏时降生者，就叫扎迫、娜迫；子夜降生者，就叫扎克、娜克，等等。拉祜族名字，间或有以花草、长相、形体命名的，如扎布、娜布中的"布"就是樱桃花；扎朋、娜朋中的"朋"即胖，胖小孩之意；扎盖、娜盖中的"盖"是瘦，即瘦小孩之意。也有以出生顺序、长幼取名的，如老大叫扎儿、娜儿，老么叫扎列、娜列。

拉祜族历史上有不吃狗肉的习惯，原因有二，一是说拉祜族的祖先是吃狗奶长大的，二是说狗给他们带回来了谷种。总之，狗是拉祜族的功臣，不但吃了狗肉的人不准进寨子，还有吃了狗肉会瞎眼的说法，但随着生产力的发展和人们意识水平的提高，这些习惯也在被改变。

拉祜族也是一个能歌善舞的民族，芦笙（即葫芦笙）是其最闻名的乐器，而芦笙舞则是享誉世界的国家级非物质文化遗产，还有"芦笙恋歌"等美丽的民间文艺作品传世。

参考文献：

《西双版纳傣族自治州民族宗教志》，云南民族出版社，西双版纳傣族自治州民族宗教事务局编
《云南跨境民族文化初探》，中国社会科学出版社，和少英著
《云南民族史》，云南大学出版社，尤中著
《云南民族通史》，云南大学出版社，朱映占等著
《从葫芦里出来的民族——拉祜族》，云南民族出版社，石春云主编

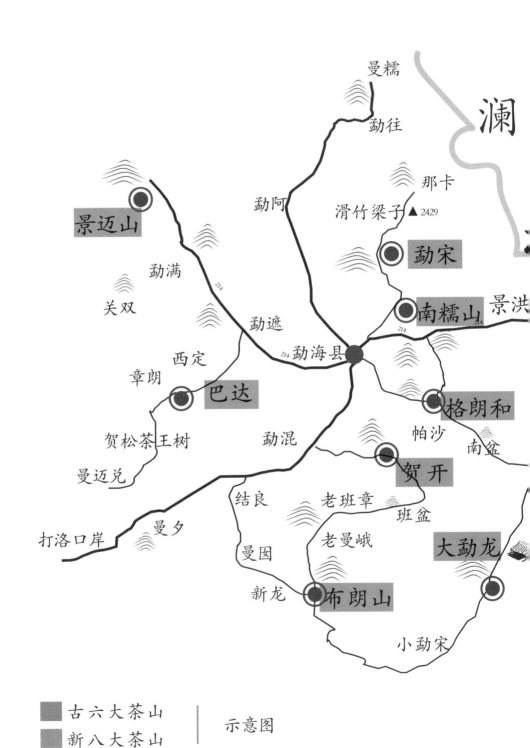

曼糯

勐往

澜

勐阿

那卡

滑竹梁子 ▲ 2429

景迈山

勐宋

勐满

南糯山

景洪

关双

214

勐遮

214

西定

214 勐海县

214

章朗

巴达

格朗和

帕沙

南盆

贺松茶王树

勐混

曼迈兑

贺开

打洛口岸

曼夕

结良

老班章

班盆

曼囡

老曼峨

大勐龙

新龙

布朗山

小勐宋

古六大茶山

新八大茶山

示意图

普洱

G8511

G8511

渡岗

214

勐养

基诺山

14

攸乐

勐仑镇

江

弄场

革登

倚邦

莽枝

象明

蛮砖

勐醒

易武

麻黑

落水洞

弯弓

刮风寨

勐腊县

G8511

G8511

G8511

磨憨口岸